中国白酒侍酒师初级教程

主　编　云　虹
副主编　王洪渊　黄　燕
田学梅　廖国强

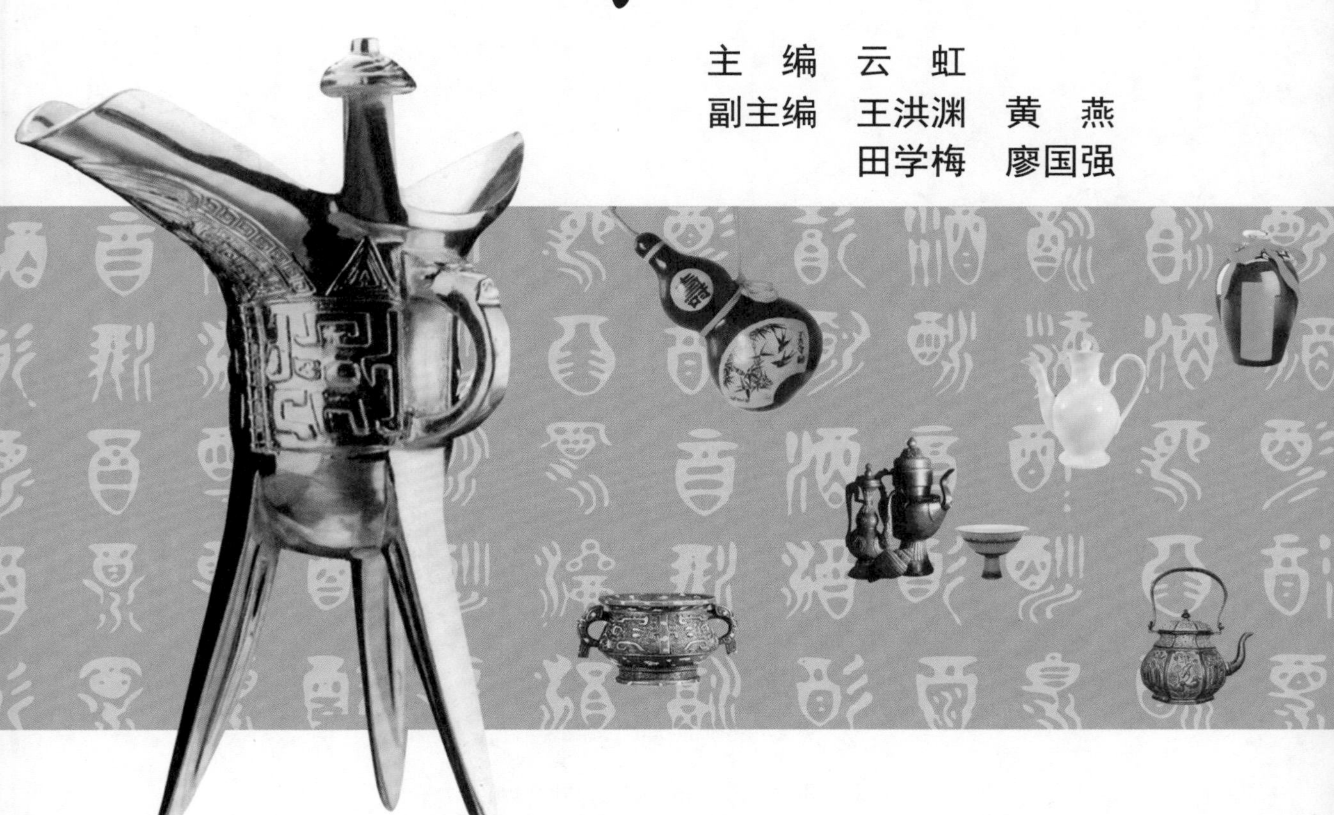

重庆大学出版社

图书在版编目（CIP）数据

中国白酒侍酒师初级教程 / 云虹主编. --重庆:
重庆大学出版社, 2021.8
ISBN 978-7-5689-2885-4

Ⅰ.①中... Ⅱ.①云... Ⅲ.①白酒—品鉴—中国—技
术培训—教材 Ⅳ.①TS262.3

中国版本图书馆CIP数据核字（2021）第141678号

中国白酒侍酒师初级教程
ZHONGGUO BAIJIU SHIJIUSHI CHUJI JIAOCHENG

主编 云 虹
责任编辑：张春花　　版式设计：张春花　欧阳荣庆
责任校对：王　倩　　责任印制：赵　晟

*

重庆大学出版社出版发行
出版人：饶帮华
社址:重庆市沙坪坝区大学城西路21号
邮编:401331
电话：（023）88617190　88617185（中小学）
传真：（023）88617186　88617166
网址：http://www.cqup.com.cn
邮箱：fxk@cqup.com.cn（营销中心）
全国新华书店经销
重庆市俊蒲印务有限公司印刷

*

开本：787mm×1092mm　1/16　印张：8.75　字数：172千
2021年12月第1版　2021年12月第1次印刷
ISBN 978-7-5689-2885-4　定价：68.00元

序 言

中国的饮食文化博大精深，源远流长，其独特的生命力护佑着华夏民族的繁衍生息，并以强大的辐射力影响着周边国家乃至世界的饮食风尚。在“一带一路”倡议和“中国文化走出去”的背景下，普及中国饮食文化中的酒文化，推进中国酒文化的国际传播，提升中国文化软实力，促进中国白酒经济贸易的发展，具有重要意义。

四川轻化工大学（中国白酒学院）是我国白酒人才培养的摇篮，而四川省高校人文社科重点研究基地——川酒文化国际传播研究中心是本校一个重要的颇具特色的平台，集科学研究、社会服务、人才培养于一体，在推进中国白酒文化的国际传播中发挥着重要作用。在弘扬中国传统酒文化的背景下，川酒文化国际传播研究中心与五粮液集团公司合作，创办了中国首届白酒侍酒师特色培训班，开创了中国白酒侍酒师人才培养的先河，并产生了一定的影响，得到了《华盛顿邮报》和中国国际电视台的采访、报道。本教程就是基于此培训班的经验而编写，旨在培养具有开阔的国际视野、宽广的人文社科知识和较强沟通交流能力的优秀白酒侍酒师人才，从而促进中国酒的发展和出口，让中国酒成为更多海外朋友了解中国文化的媒介，成为传播中国文化的重要载体。

纵览近年进口酒在中国市场的种种发展策略，不难发现，各种品酒会、酒展和培训课程是进口酒发展的重要支撑。从 2012 年到 2017 年，短短的五年时间内，关于葡萄酒的知名认证课程——英国 WSET（Wine and Spirit Education Trust），就从最初的几个中国培训点发展到在我国主要城市都有培训点。由此可见，酒类培训在文化普及和产品推广上有着重要价值。国际上，关于侍酒师的知名认证培训课程也有很多种，英国有 WSET，美国有 ISG（International Sommelier Guild），欧洲有 CMS（Court of Masters Sommeliers），法国有 CAFA 等。此外，意大利、澳大利亚、日本等国也有相关的酒类培训课程。但目前我国还没有本土的专门培养白酒行业技能人才的培训体系。在中国酒的国际化进程中，有必要在全国范围内制订统一的标准，通过资格考试认证，助力热爱中国酒类事业的后备人才的培养，促进中国酒类行业在国际市场的发展。中国白酒侍酒师初级教程的开发，就是在这一责任和担当下应运而生的。本教程包括中国酒概述、白酒的发展概况、白酒的酿造、白酒的十二种香型及其品鉴、白酒的品牌以及白酒的侍酒服务等内容。

本教程的编写，得到了中国酒业协会、五粮液集团公司以及四川轻化工大学各级领导的大力支持，并由“四川省首批产教融合项目”资助，在此表示感谢。由于本书编写时间紧迫，难免有诸多不足，欢迎广大读者批评指正。

编 者

2021年4月

目录

第一部分 中国酒概述

中国酒概述

一、中国酒的基本概念

中国酒是指由中华民族自己创造，或经过兼收并蓄地长期改进技术和工艺，用具有典型民族特色的独特工艺酿造而成的酒精类饮料，其中主要包括曲酒、黄酒以及露酒等。

由于曲酒和黄酒在传统中国酒中的优势地位明显，故狭义上的中国酒一般是指以酒曲作为糖化发酵剂，以粮谷类为原料酿制而成的曲酒、黄酒以及以其为酒基生产的露酒。从广义上讲，中国酒可泛指在中国范围内生产的各类酒精饮料。

二、中国酒的主要种类与命名

中国酒除了占主要地位的曲酒和黄酒外，还有诸如果酒、乳酒等各种类型的其他传统酒类，以及从国外输入并迅速发展的葡萄酒和啤酒等。由于受生产原料多样、工艺技术繁杂等多种因素的影响，中国酒的分类方法不尽统一。有根据酿造方法、酒的特性、经营习惯的分类，也有根据酒精度高低的分类，还有根据原料、产地、色泽、用曲、香型等进行的分类。

1. 中国酒的基本分类方法

按照酿造方法和酒的特性进行基本分类，中国酒可划分为发酵酒、蒸馏酒和配制酒三大类别。

（1）发酵酒

发酵酒是指用粮谷、水果、乳类等为主要原料，经过糖化、发酵、过滤、杀菌等生产过程而成的饮料酒，包括啤酒、葡萄酒、果酒（发酵型）、黄酒、奶酒（发酵型）及其他发酵酒等。其特点是原汁原味，酒精度较低，刺激性较小。这类酒营养丰富，富含糖、氨基酸、有机酸、维生素、核酸和矿物质等营养成分。

（2）蒸馏酒

蒸馏酒是以粮谷、薯类等为主要原料，经发酵、蒸馏、勾兑而成并含有较高酒精度的液体。蒸馏酒具有酿造原料多样、工艺各具特色、质量参差不齐等特点。酒中除酒精之外，还含有易挥发的酸、酯、醇等呈香、呈味的成分。这类酒按照其酒精度的高低，可分为高度酒（51% 以上）、中度酒（38%~50%）和低度酒（38% 以下）。

（3）配制酒

新版国标《配制酒质量通则》

征求意见稿中依据 GB/T 17204《饮料酒术语和分类》国家标准修订版将配制酒定义为“以发酵酒、蒸馏酒、食用酒精等为酒基，加入可食用的辅料和/或食品添加剂，进行调配、混合或再加工制成的饮料酒”，包括露酒的全部类别，如植物类配制酒、动物类配制酒、动植物类配制酒和其他类配制酒（营养保健酒、饮用药酒、调配鸡尾酒）等。这类酒具有营养丰富、滋味多样等特点，通常集色泽、风味、营养、疗效于一体。

2. 中国酒的习惯分类方法

根据生产经营、商业习惯以及行业管理的需要，一般将中国酒分为白酒、黄酒、啤酒、葡萄酒、果酒和露酒等几个大类。

（1）白酒

白酒是指以粮谷为主要原料，用大曲、小曲或麸曲及酒母等作为糖化发酵剂，经蒸煮、糖化、发酵、蒸馏、陈酿、勾兑酿制而成的饮料酒。包括大曲酒、小曲酒、麸曲酒等用传统发酵法生产的白酒以及各类新工艺白酒。

（2）黄酒

黄酒是中国特有的古酒，以稻米、黍米、粟等为原料，以曲类及酒母等为糖化发酵剂，经蒸煮、糖化发酵、储存、调配、过滤、装瓶、杀菌等工序制作而成的含有多种氨基酸的酿造酒。黄酒历史悠久、品种繁多、营养丰富、用途广泛、饮法多样，且香气浓郁、甘甜味美、风味醇厚，也是烹饪佳肴不可或缺的主要调味品之一。

（3）葡萄酒

葡萄酒是以葡萄为原料，经发酵酿制而成的饮料酒，其所含的酒精度一般在 8%~15%。其分类一般以酒的颜色深浅、含糖量多少、是否含二氧化碳及采用的酿造方法等为标准，国外也有以产地、原料名称等进行分类的。葡萄酒的品种众多，因葡萄的栽培、葡萄酒生产工艺条件的差别，产品风格也各不相同。

（4）啤酒

啤酒是以麦芽为主要原料，加啤酒花，经过液态糊化和糖化，再经过液态发酵酿制而成的一种含有较多二氧化碳气体、一定量酒精成分以及多种营养成分的饮料酒。啤酒是人类最古老的酒精饮料之一，是继水和茶之后，世界上消耗量排名第三的饮料。

（5）果酒

果酒是以各种人工种植或野生果品的果实（如苹果、石榴、桑葚、猕猴桃等）为原料，经过粉碎、发酵或者浸泡等工艺，精心调配酿制而成的各种低度酒精饮料。果酒的命名常依据生产原料而定，如苹果酒、枇杷酒、樱桃酒等。

（6）露酒

露酒是以黄酒、白酒为酒基，加入可食用或按照传统既是食品又是中药材（或符合相关规定）的物质，经浸提和 / 或复蒸馏等工艺或直接加入从辅料中提取的有用成分，制成的具有特定风格的饮料酒。露酒具有营养丰富、品种繁多、风格各异的特点。露酒的范围很广，包括花果型露酒以及动植物芳香型、滋补营养酒等酒种。露酒改变了原有的酒基风格，其营养补益功能和寓“佐”于“补”的效果，非常符合现代消费者的健康需求，其典型产品有山西的竹叶青酒，东北的参茸酒、三鞭酒，西北的虫草酒、灵芝酒等。

第二部分 中国白酒

中国白酒

中国传统白酒，特指以谷物为原料，加酒曲发酵后经蒸煮、蒸馏而制成的蒸馏酒。因其酒精浓度高，见火就着，故其又被称为烧酒或火酒。其独特工艺是千百年来中华民族劳动人民生产经验的总结和智慧的结晶。白酒的生产技艺精湛，其产品的色、香、味备受各界人士的青睐，尤其是国家知名白酒，其色泽澄清透明、冰清玉洁；其香气馥郁芬芳、幽雅细腻；其味甘润柔和、醇厚缠绵、余味爽净。

中国白酒与白兰地、威士忌、伏特加、金酒、朗姆酒并称世界著名六大蒸馏酒。典型的中国白酒以固态发酵、固态蒸馏而成；其他五类蒸馏酒则是以液态发酵、液态蒸馏而成。威士忌、伏特加、金酒等以淀粉为原料的蒸馏酒大多以麦芽为糖化剂，以酵母为发酵剂酿造而成；而中国白酒则是以曲类为糖化发酵剂酿制而成。我国古代对酿造曲类的发明和使用，不仅有利于人们保存和利用微生物资源，而且对世界特别是东亚酿造、酿酒业的发展做出了杰出贡献，中国白酒也因此成为东亚各国粮谷类蒸馏酒的典型代表。

相比世界其他蒸馏酒，中国白酒独具风格，香气宜人。不同香型的白酒有不同特色，香气馥郁，余香不尽；醇厚柔绵，甘润清洌，酒体协调；回味悠久，爽口尾净，变化无穷。就酒精含量而言，我国白酒的酒度早期较高，超过60度。但近年来，由于国家的倡导和消费者特别是年轻消费者的需求，38度等低度白酒逐渐受到青睐。

第一章 白酒的发展概况

第一节 白酒的历史与发展

一、酒的由来

中国酒文化馥郁芬芳，源远流长。我国有关酒的历史，可以追溯到上古时期。其中《史记·殷本纪》关于纣王“以酒为池，悬肉为林”“为长夜之饮”的记载，以及《诗经》中“八月剥枣，十月获稻。为此春酒，以介眉寿”的诗句等，都表明博大精深的中国酒文化有着灿烂的篇章。

考古资料显示，在仰韶文化遗址中，出土了许多带有形状与甲骨文、金文的“酒”字十分相似的图案的陶罐。这说明，早在距今6 000多年以前，中国酒就已经存在了。

然而，酒究竟由谁发明？为何而生？自古以来，轶事趣闻，众说纷纭。在民间，至今流传着许多关于中国酒起源的传说，令人心驰神往。

1. 猿猴造酒说

在唐代李肇所撰《国史补》一书中，对于人类如何捕捉一只聪明伶俐的猿猴，有一段极为精彩的记载。猿猴是一种十分机敏的动物，它们栖息于深山野林之中，跳跃攀缘于巉岩林木之间，出没无常，人们难以捕捉到它们。经过细致的观察，人们发现并掌握了猿猴的一个致命弱点，那就是“嗜酒”。于是，在猿猴出没的地方，人们便摆上几缸香甜浓郁的美酒。猿猴闻香而至，先是在酒缸前踌躇，接着便小心翼翼地用指蘸酒吮尝，时间一久，没有发现什么可疑之处，终于经受不住香甜美酒的诱惑，开怀畅饮起来，直到酩酊大醉，乖乖被俘。捕捉猿猴的此种方法并非中国独有，东南亚一带的人们和非洲的一些土著民族捕捉猿猴或大猩猩，也大多采用类似方法，这说明猿猴与酒有种密切联系。

猿猴不仅嗜酒，而且还会“造酒”，这在中国的许多典籍中都有相关记

猿酒图

仙猴品酒图（顾平绘）

载。清代文人李调元在其著作中写道:“琼州(今海南岛)多猿……尝于石岩深处得猿酒，盖猿以稻米杂百花所造，一石六辄有五六升许，味最辣，然极难得。”清代《清稗类钞·粤西偶记》也提到:“粤西平乐（今广西壮族自治区东部，西江支流桂江中游）等府，山中多猿，善采百花酿酒。樵子入山，得其巢穴者，其酒多至娄石，饮之，香美异常，名曰猿酒。”由此看来，人们在广东和广西都曾发现猿猴“造酒”。实际上，早在明朝，此类猿猴“造酒”的传说就曾有记载。明代文人李日华在其《紫桃轩杂缀·蓬栊夜话》中记载：“黄山多猿猱，春夏采杂花果于石洼中，酝酿成酒，香气溢发，闻娄百步。野樵深入者或得偷饮之，不可多，多即减酒痕，觉之，众猱伺得人，必嬲死之。”可见，这种猿酒偷饮不得。

这些不同时代的记载证明了这样一个事实，即在猿猴聚居之处，多有类似“酒”的发现。至于这种类似“酒”的东西是如何产生的，是他们的本能性活动，还是经验性活动，则需要进一步的科学考证。

事实上，根据酒的酿制原理，不难推测猿猴如何“造酒”。此类“酒”应该是猿猴采集的水果由一种叫酵母菌的微生物分解了糖类而得以产生的。酵母菌是大自然中极其广泛的一种菌类，尤其存在于一些含糖分较高的水果之中。含糖的水果是猿猴钟爱的食品。在水果成熟的季节，猿猴大量采集水果，将其置放于“石洼中”贮藏，其受果皮上或自然界中酵母菌的作用而发酵，然后在石洼中析出“酒”液，形成了芳香甜美的“酒”。

2. 仪狄造酒说

据史书《吕氏春秋》载，“仪狄作酒”。《战国策》记载：梁王魏婴筋诸侯于苑台，酒酣，请鲁君举筋。鲁君兴，避席择言曰:“昔者，帝女令仪狄作酒而美，进之禹，禹饮而甘之。遂疏仪狄，绝旨酒……”《古史考》载：“古有酸酪，禹时仪狄作酒。”这些文献记载似乎表明，仪狄乃制酒之始祖。

“酒之所兴，肇自上皇，成于仪狄”，这是说，自上古三皇五帝开始，各种酿酒方法已经开始流行，只是仪狄将这些造酒的方法加以升华，使之流传。至于仪狄的身份，不同史料有不同理解。但《世本》《吕氏春秋》《战国策》都认为他是夏禹时代的人。根据前文中《战国策》的记载可推测，仪狄可能是司掌造酒的官员或禹的臣属。

仪狄造酒（杨百亮绘）

3. 杜康造酒说

据杜康酒原产地的民间传说和史料推测，杜康，字仲宁，生于陕西白水康家卫村，其造酒之处在豫州空桑涧，即今河南汝阳杜康村。村西酒泉、千年空桑、杜康祠、杜康墓等古迹尚存。陕西白水和河南汝阳地方志都有杜康造酒的记载。“有饭不尽，委之空桑，郁结成味，久蓄气芳，本出于代，不由奇方。”经后世流传的这段记载，也认为酒乃杜康所做，其大意是说杜康将粮食放置在桑园的树洞里，粮食在洞中发酵后，有芳香的气味传出。这就是酒的做法，并无什么奇异的办法。

历史上杜康确有其人，《世本》《吕氏春秋》《战国策》《说文解字》等古籍书中都有关于杜康的记载。清乾隆十九年（公元1754年）重修的《白水县志》中，对杜康也有过较详细的记载。白水县历史悠久，系“古雍州之城，周末为彭戏，春秋为彭衙”“汉景帝建粟邑衙县”“唐建白水县于今治”，位于陕北高原南缘与关中平原交接处，因流经县治的一条河水底多白色石头而得名。白水因有所谓“四大贤人”遗址而名蜚中外：一是相传为黄帝的史官、创造文字的仓颉，出生于白水县阳武村；一是死后被封为彭衙土神的雷祥，生前善制瓷器；一是我国“四大发明”之一的造纸术发明者东汉人蔡伦，不知何因也在此地留有坟墓；此外就是相传为酿酒鼻祖的杜康的遗址了。

杜康造酒图（顾平绘）

饮中八仙：李白（顾平绘）

4. 上天造酒说

“诗仙”李白在《月下独酌·其二》一诗中有“天若不爱酒，酒星不在天”的诗句；东汉末年以“座上客常满，樽中酒不空”自诩的孔融，在《与曹操论酒禁书》中有“天垂酒星之耀，地列酒泉之郡”之说；经常喝得大醉，被誉为“鬼才”的诗人李贺，在《秦王饮酒》一诗中也有“龙头泻酒邀酒星”的诗句。此外如“吾爱李太白，身是酒星魂”“酒泉不照九泉下”“仰酒旗之景曜”“拟酒旗于元象”“囚酒星于天岳”等，都经常有“酒星”或“酒旗”这样的词语。窦苹所撰《酒谱》中也有“酒星之作也”的说法，意思是自古以来，我国祖先就有酒乃天上“酒星”所造之说。

当然，这些史料说明我们的祖先有丰富的想象力，而且也证明酒在当时的社会活动与日常生活中，确实占有相当重要的位置。然而，酒自“上天造”之说，既没有理论依据，也没有科学佐证，只能作为一种传说罢了。

二、白酒的发展历程

汉代画像砖上的酿酒图

（一）周秦两汉时期

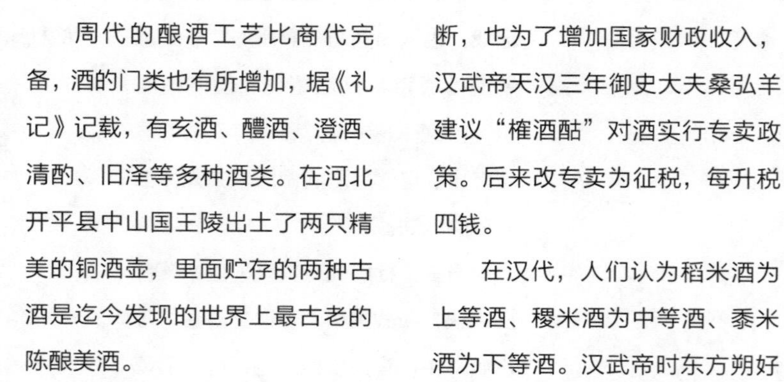

周代的酿酒工艺比商代完备，酒的门类也有所增加，据《礼记》记载，有玄酒、醴酒、澄酒、清酌、旧泽等多种酒类。在河北开平县中山国王陵出土了两只精美的铜酒壶，里面贮存的两种古酒是迄今发现的世界上最古老的陈酿美酒。

秦末大乱之后，西汉统治者颁布了减轻劳役赋税、休养生息等政策，促进了农业生产，也活跃了工商业。天下安定，经济发展，人们生活得到改善，酒的消费量相当可观。为了防止私人垄断，也为了增加国家财政收入，汉武帝天汉三年御史大夫桑弘羊建议“榷酒酤”对酒实行专卖政策。后来改专卖为征税，每升税四钱。

在汉代，人们认为稻米酒为上等酒、稷米酒为中等酒、黍米酒为下等酒。汉武帝时东方朔好饮酒，他把喜爱的枣酒叫作仙藏酒，还有恬酒、肋酒、桂酒、柏酒、百末旨酒、菊花酒（又名“兰生”）、椒酒、听事酒、斋中酒、香酒、甘醴、甘拨等，不一而足。

我国的欧亚种葡萄（一种在

全世界广为种植的葡萄种）据传是在汉武帝建元年间，汉使张骞出使西域时（公元前 138 年至公元前 119 年）从大宛带来的。在引进葡萄的同时，据传还招来了酿酒艺人。据《太平御览》记载，汉武帝时期“离宫别观傍尽种葡萄”，当时葡萄的种植和葡萄酒的酿造都达到了一定的规模。

东汉末年，曹操发现其家乡已故县令的家酿法（九酝春酒法）新颖独特，所酿的酒醇厚无比，将此方献给汉献帝。这个方法是酿酒史上，甚至可以说是发酵史上具有重要意义的补料发酵法，现代称“喂饭法”，后来成为我国黄酒酿造的最主要的加料方法。

煮酒论英雄

（二）三国时期

三国时期，一些禁酒的政策和措施在各地纷纷出现。但作为一种已经较为普及的消费品，这些禁酒措施并未能阻止酒文化的传播。相反，三国期间各国好酒之人比比皆是，其言行更为我国的酒文化增添了一道亮丽的色彩。同时，酒在那时也被普遍应用于社会生活的方方面面。

曲水流觞图

（三）两晋南北朝时期

魏晋时期，曹氏和司马氏的夺权斗争十分激烈、残酷，氏族中很多人为了回避矛盾尖锐的现实，往往纵酒佯狂。据《晋书》载：有一位山阴人孔群“性嗜酒，……尝与亲友书云：‘今年田得七百石秫米，不足了曲蘖事。’”意为一年收了 700 石糯米，还不够他做酒之用。这自然是比较突出的例子，但其情况可见一斑。

到了东晋，穆帝永和九年（公元 353 年），王羲之与名士孙绰、谢安等在会稽山阴兰亭举行“曲水流觞”的盛会，乘着酒兴写下了千古珍品《兰亭集序》。这可以说是酒文化中熠熠生辉的一页。

南北朝时，酒名已不再仅是区分不同酒类品种的符号，人们开始比较讲究艺术效果，并注入了美的想象，广告色彩也日渐浓厚。当时酒的名字有金浆（即蔗酒）、骑蟹酒、千里醉、白坠春酒、桃花酒（亦称美人酒，据说喝了这种酒可“除百病、好容色”）、缥绞酒、驻颜酒、梨花春、榴花酒、桑落酒、巴乡清等，十分悦耳。

（四）唐代时期

唐代饮宴图

唐代时酒与文艺的联系甚密，使唐代成为中国酒文化发展史上的一个特殊时期。“李白斗酒诗百篇”，许多与酒相关的类似名句都是出自这一时期。“酒中八仙”之首的贺知章晚年从长安回到故乡，寓居“鉴湖一曲”，饮酒作诗自娱。张乔的《越中赠别》有云：“东越相逢几醉眠，满楼明月镜湖边。”与知己畅饮绍兴美酒，欣赏鉴湖月色，是多么令人惬意的赏心乐事啊。

（五）宋代时期

宋 定窑白釉刻回纹盏托

宋代的葡萄酒非常发达，从苏东坡、陆游等人的作品中就可以看出来。苏东坡的《谢张太原送蒲桃》写出了当时的世态：冷官门户日萧条，亲旧音书半寂寥。惟有太原张县令，年年专遣送蒲桃。苏东坡一生仕途坎坷，多次遭贬。不得意时，很多故旧亲朋都不上门了，甚至连音讯都没有。只有太原的张县令，不改初衷，每年都派专人送葡萄来。从诗中可知，在宋代太原已是葡萄的重要产地。

（六）元代时期

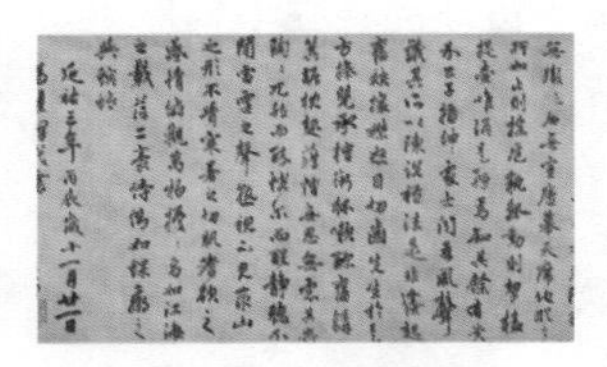

元 赵孟頫《酒德颂》

据《马可·波罗游记》记载，元朝的酒类有葡萄酒、马奶酒、药酒和米酒，应该都是低度饮品。马奶酒又称“忽迷思”。最好的“忽迷思”需经过数次发酵提纯，使马奶在皮袋中变成甘美的酒类饮料。元世祖忽必烈曾设宴，“第四排宴在广寒，葡萄酒酽色如丹”。

米酒是元朝北方农区的佳酿，据《马可·波罗游记》记载：没有什么比它更令人心满意足的了。温热之后，它比其他任何酒类都更容易使人沉醉。另据意大利学者研究，马可·波罗曾把中国的酒方带回欧洲，现今的“杜松子”酒，其方就记载于元代《世医得效方》中，当时被欧洲人称为“健酒”。

粮食酒在元朝也非常盛行，蒙古语称其为“答刺酥”，该词还常被元杂剧使用。元杂剧中有“去买一瓶答刺酥，吃着耍”的语句。

元朝时期美酒品种类别繁多，这必然要求酒具与之匹配，当时酒具有酒局、杯、酒海、玉壶春瓶、盏等。元大都遗址就出土有玉酒海，为元朝宫廷用具。

（七）明代时期

明定陵出土的金托玉执壶

明朝的酿酒业获得了长足发展，酒的品种和产量都大大超过前朝。明朝虽也有过酒禁，但大致上是放任私酿私卖的，政府直接向酿酒户、酒铺征税。由于酿酒普遍，此时不再设专门管酒务的机构，酒税并入商税。据《明史·食货志》记载：酒就按“凡商税，三十而取一”的标准征收。这也极大地促进了各类酒的发展。

明朝洪武二十七年（公元1394年）准民自设酒肆，正统七年（公元1442年）采取方便酒商贸易、减轻酒税的措施，因此加快了酒的流通，徐渭在《兰亭次韵》一诗中无限感慨地说：“春来无处不酒家”，可见当时的酒店之多。

（八）清代时期

清宫旧藏 银温酒器

清代时，酒业进一步发展。由于大酿坊的陆续出现，那时的酒产量逐年增加、销路不断扩大。在各酿坊的协商之下，酒的品种、规格和包装形式也逐渐统一起来。为了扩大销售，有些酿坊还在外地开设酒馆、酒店或酒庄，经营零售批发业务。据说清乾隆年间，“王宝和”就在上海小东门开设了酒店；“高长兴”在杭州、上海开设了酒馆；“章东明”除在上海、杭州各处开设酒行外，又在天津侯佳后开设了“金城明记”酒庄，专营北方的酒类批发业务，并专门供应北京同仁堂药店的制药用酒，年销近万坛。

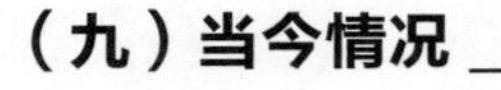

（九）当今情况

白酒行业近几十年得到了快速发展，主要表现在以下几个方面。

• 从白酒的质量来看，1952年，第一届全国评酒会评选出了全国八大名酒，其中白酒有四种，被称为“中国四大名酒”。1989年的第五届全国评酒会共评出国家级名酒17种、优质酒53种。且自1979年第三届全国评酒会开始，评比的酒样分为了清香、浓香、酱香、米香和其他香五种，称为“全国白酒五大香型”。后来其他香发展为兼香、芝麻香、凤型、鼓香和特型五种，被称为“全国白酒十大香型”。

• 从白酒产量来看，1978 年全国白酒产量为 143.74 万千升，比 1949 年增长了近 15 倍。到 2020 年，全国白酒产量已达 740 余万千升，是中华人民共和国成立初期的近 80 倍。

• 从白酒税利来看，白酒每年为我国所创税利仅次于烟草行业，其经济效益历来在酒类产品中名列前茅。

• 从白酒科技来看，国家组织了全国科技力量进行总结试点工作，如四川糯高粱小曲操作法、泸州老窖、贵州茅台酿酒、山西汾酒和新工艺白酒等总结试点，都取得了卓越的成果。业内人士一致认为总结试点就是科研，而科研就是生产力。

• 从白酒工艺来看，白酒的生产可分小曲法、大曲法、液态法（新工艺白酒）和麸曲法，常以传统固态发酵生产名优白酒，新工艺法生产普通白酒。

• 从白酒发展来看，全国酿酒行业的重点是鼓励生产低度葡萄酒和黄酒，控制白酒生产总量，以市场需求为导向，以节粮和满足消费为目标，以认真贯彻“优质、低度、多品种、低消耗、少污染和高效益”为导向。

白酒是我国世代相传的酒精饮料，通过跟踪研究和总结工作，对传统工艺进行改进，如从作坊式操作到工业化生产，从肩挑背扛到半机械作业，从口授心传、灵活掌握到通过文字资料传授技艺，这些都使白酒产业不断得到发展与创新，提高了生产技术水平和产品质量。我们应该传承和发扬这份宝贵的财富，弘扬中华民族的优秀酒文化，将白酒行业发扬光大。

第二节 白酒的市场现状

由于“无酒不成席，无酒不成宴”的文化习惯，国内对白酒的需求仍然稳定。随着生活质量的改善，消费者对白酒的口感和品质有了更高的追求，这促使白酒生产企业不断调整其生产经营战略，呈现多元化结构。总体而言，白酒有着广阔的国内和国际市场前景，在国民经济中占有重要地位。当前的白酒市场现状呈现以下特征。

（一）高端白酒市场继续垄断

随着中国经济的持续发展和人们生活水平的提高，居民对高品质生活的需求也随之发生变化，其消费热情不断高涨。由于高端白酒的特色文化底蕴深厚，其高品质带来的不同体验受到了目标消费群体的推崇，因而高端白酒普遍迈入千元价位时代。高端和超高端白酒市场竞争格局基本趋于稳定，市场竞争进入“巨头”竞争阶段，五粮液、茅台、国窖 1573 已经站稳千元价位，其他品牌白酒的实力也不可小觑。总体而言，高端白酒市场已经形成了坚固的市场壁垒。

（二）中高档白酒销量增加，低档白酒销量减少

经济持续增长，居民的可支配收入增

加，大众对高品质的生活向往已成为趋势。由于消费者的健康意识普遍增强，中高档白酒逐渐成为白酒消费的主流。同时，由于长期的历史文化积淀，高档白酒在广大消费者心目中有着良好的品牌形象和美誉度，这使得他们对传统的名优高档白酒有着很强的忠诚度和消费持续性。因此，我国高端、中高端白酒的销量仍在增加，而低端白酒的销量逐渐减少。随着消费者对品牌和品质要求的逐步升级，低端白酒的整体发展空间受到极大的限制，无品牌、无品质的低端白酒几乎没有持续发展的空间。白酒企业要想生存就必须向更高层次发展，抢占中高档白酒市场。

（三）农村市场潜力巨大

近年来，尽管城市化进程在加快，但农村人口仍然是一个庞大的白酒消费群体。农牧民天性憨厚，性格淳朴，与白酒结下深厚情谊，饮用白酒成为了他们生活中重要的组成部分。因此，这种长期的民族传统使得农村在白酒消费市场中仍具有顽强的生命力，其消费潜力仍然较大。

（四）高度白酒仍唱主角

尽管低度化白酒是年轻群体的消费趋势，也是白酒走向国际化的必经之路，但目前来看，其进程缓慢，任重道远，高度白酒仍是高端白酒市场的主角。白酒

行业的龙头们仍将主要力量集中在高度酒。一个重要的原因是高度酒在酿造上具有一定的难度，不容易被复制。其香味较浓，酒劲较足，仍旧是宴请宾客、过节送礼的首选。此外，低度酒更容易勾兑，造假成本和难度都很低，容易复制，因而不太受消费者青睐。同时，低度白酒的“色不稳、香不够、味寡淡”的质量现状也难以改变。

（五）产销量上涨空间有限，价格持续攀升

经过多年发展，我国白酒行业正逐渐步入稳定期和成熟期。由于国内酒饮料和国外进口酒类产品的激烈竞争，整个白酒的销量提升空间不大。因此，我国白酒逐渐转向重视品质和品牌，从追求产量转向提高产值。

（六）白酒市场消费中坚力量依旧是中年群体

根据调查显示，在我国白酒的重度消费群体中，主要消费群体的年龄分布为 25 岁至 54 岁，占总人口 45% 以上的水平，其中 35~44 岁的人群占比最高，达到 30.7%。因此，中年群体是白酒消费的主要人群，他们把品质优良的白酒作为中国酒局、饭桌饮用文化的特殊载体，是我国白酒消费的主力军。

（七）白酒市场呼唤高级人才

随着白酒行业的消费升级和白酒国际化进程的加速，急需高级人才加入白酒行业，给该行业赋能。白酒行业的发展需要品牌管理专家、品牌设计专家、营销技术专家、市场分析专家、物流管理专家、交际沟通专家、市场拓展专家、文化体验与推广师等高级人才。目前，最为紧缺的高级人才是精通白酒文化，了解白酒储藏、管理和营销，并能提供侍酒服务，讲好中国白酒故事、传播中国白酒文化的白酒侍酒师和白酒文化体验师。

第二章 白酒的酿造

第一节 白酒酿造的主料

就白酒发酵而言，凡是含淀粉和可发酵性糖或者可转化为可发酵性糖的原料，理论上都可以用微生物发酵的方法生产白酒。因此，酿造白酒的原料有很多，包括粮谷类、薯类、豌豆类、代用原料类。在实际生产中主要使用前两类原料。其中主要有高粱、大米、糯米、玉米、甘薯、马铃薯和木薯。

一、粮谷

生产传统白酒主要使用以高粱为主的粮谷原料，其次还有大米、小麦、糯米、玉米、大麦、青稞等。不同的原料，不同的产地，所产出酒的香味风格差异很大，如高粱产酒香浓，小麦产酒劲冲，大米产酒净爽，糯米产酒醇厚，玉米产酒甜绵。

1. 高粱类

高粱是生产白酒最常用也是最主要的原料。高粱味甘性温，其中富含脂肪酸，还有丰富的铁和蛋白质，有健脾益胃的功用。高粱白酒凭借其色、香、味和内涵，展现了我国白酒文化的深厚底蕴。高粱有很多别称，例如蜀黍、桃黍、木稷、荻粱、乌禾，属禾本科。中国的高粱栽培较广，尤其以东北各地最多。

高粱性喜温暖，抗旱耐涝。高粱酿酒选料基本要求颗粒饱满，没有杂质，且无霉烂。高粱按色泽可分为白、青、黄、红、黑五种，其颜色的深浅，反映其单宁及色素成分的高低。高粱中的单宁有抑制杂菌的作用，能赋予白酒特殊香味，但如果高粱中单宁和生物碱含量高，会阻碍糖化和发酵过程的顺利进行，降低出酒率。

在饮酒时，单宁和唾液中的蛋白质发生化学反应，会使口腔里产生一种收敛性的触感，这种感觉人们通常称其为“涩”。“涩”需要一定的度，在漫长的陈储岁月里，单宁会逐渐变得柔顺。经蒸煮后，高粱疏松适度，熟而不黏，由粗糙逐渐变得细致，“涩”得恰到好处，这时候的酒喝起来会感觉圆润顺口。

高粱按照黏度可分为粳高粱和糯高粱。近年来，中国的白酒生产矛盾变得日益突出，其中一个重要矛盾是酿酒专用原料的供需不平衡。如糯高粱结构相对疏松，吸水性强，易糊化，非常适宜根霉的生长，且仅出产于四川、贵州等小部分区域。四川、贵州名酒如五粮液、茅台等却多以糯高粱为原料。糯高粱酿的酒出酒率高，品质好，但明显供不应求。

由于各种原因，北方大曲酒多用粳高粱作原料。南北高粱品种虽然不同，但只要掌握了它的特性，选用红粒种高粱的时候调节原料配比，通过技术克服本身的一些特点，其酒量和酒质同样可以接近糯高粱的指标。

2. 麦类

（1）小麦

小麦味甘，性平微寒，有健脾益肾、养心安神的功效，也是补充热量和植物蛋白的重要来源。小麦的果实为白色颗粒，并带有黄棕色的果皮小片。小麦的胚乳是制粉的基本成分，占全麦粒质量的 80% 以上。小麦的主要成分是淀粉，其次是蛋白质，其蛋白质的组成成分以麦胶蛋白和麦谷蛋白为主。这些蛋白质可在发酵过程中形成香味。

小麦含丰富的面筋质，营养丰富，黏着力强，适于霉菌生长。制曲时要将麦皮压成梅花瓣（薄片），而麦心压成细粉，这才是制曲最好的原料。小麦具有较高的耐热性，故小麦的贮存相比高粱来说更容易，但小麦很容易遭受虫害。在水分安全的基础上，可用高温密闭自然缺氧的方法保存小麦。

小麦

大麦

青稞

（2）大麦

大麦的主成分为淀粉，另外还有蛋白质、脂肪、纤维素等成分。大麦味甘性平，具有平胃止渴、消渴除热、益气调中、宽胸下气、消积进食等功效。大麦含有较多的 a 淀粉酶和 B 淀粉酶，制曲时为微生物在曲坯生长繁殖提供了先决条件。同样，大麦经微生物利用可以产生香兰素。香兰素赋予了白酒特殊香味。

（3）青稞

青稞是一种非常重要的高原谷类作物，生长周期短，高产早熟，耐寒性强，适应性广，能适应高海拔环境。青稞是大麦的一个变种，其与大麦的不同之处是籽粒与谷壳能分离。青稞籽粒裸露而不带谷壳，所以又称为裸大麦、元麦、米大麦。

青稞的淀粉成分独特，多为硬质，籽粒的透明玻璃质在 70% 以上，蛋白质含量在 14% 以上，淀粉含量为 60% 左右，纤维素含量约 2%。通常含有 74%~78% 的支链淀粉，有些甚至高达或接近 100%，是酿酒的好原料。我国少数民族历来就有用青稞酿酒的传统。

3. 稻谷类

稻是一种可食用的谷物，一年生草本植物，生性好温湿，中国南方俗称其为“稻谷”或“谷子”，脱壳的稻谷就是大米。在我国粮油质量国家标准中，稻谷按其粒形和粒质分为三类。第一类是籼稻谷，根据粒质和收获季节分为早籼稻谷和晚籼稻谷。第二类是粳稻谷，根据粒质和收获季节又分为早粳稻谷和晚粳稻谷。南方多将粳米称为大米，但粳米中又有黏度介于糯米和籼米之间的优质粳米和籼米之分。第三类是糯稻谷，随着农业技术的提高，现已培育出多种高产杂交稻谷，有早熟和晚熟之分，晚熟稻谷的大米蒸煮后较软、较黏。

粳米的淀粉结构疏松，利于糊化。其质地纯正，蛋白质、脂肪及纤维素含量较少，因此适合低温缓慢发酵，其成品酒也较纯净。

糯米是酿酒的优质原料，淀粉含量比粳米高，几乎全为支链淀粉，经蒸馏后，质软、性黏易糊烂，如果单纯使用，蒸煮不当会太黏，容易导致发酵不正常，实际使用时发酵温度难以控制，必须与其他原料配合使用。

4. 玉米类

玉米又称苞谷、苞米棒子。其淀粉主要集中在胚乳内，颗粒结构紧密，质地坚硬，需要蒸煮较长时间才能使淀粉充分糊化。经蒸煮后的玉米，疏松适度，不黏糊，有利于发酵。玉米中含有较丰富的植酸，是工业微生物的理想原料。在酿酒发酵过程中，植酸分解成环已六醇和磷酸，前者使酒呈甜味，两者都能促进酵母菌生长及酶的代谢与甘油的生成。再加上玉米在蒸煮之后疏松适度，不黏糊，有利于发酵，因此玉米酒醇甜干净。玉米味甘性平，其中含有丰富的膳食纤维，具有健脾利湿、开胃益智、宁心活血的作用。

但是，玉米的蛋白质及脂肪高于其他原料，特别是胚芽中脂肪含量高达 30%~40%，在发酵中很难被微生物所利用，易使酒中高级脂肪酸乙酯的含量增高，加之蛋白质高而杂醇油生成量多，导致白酒邪杂味重，从而降低出酒率。其次，因其籽粒坚硬难以糊化透，故纯玉米原料酿制的白酒不如高粱酿出的香醇。如选用玉米作原料时，可将其胚芽除去再酿酒。因此，浓香多粮型酒的酿造原料中只加少量玉米。

二、薯类

甘薯、木薯、马铃薯等，淀粉含量丰富，是我国白酒生产的重要原料。这些原料经过一定的工艺处理后，也可以得到质量上乘的白酒。

甘薯　　木薯　　马铃薯

1. 甘薯

甘薯是旋花科甘薯属的一个重要栽培种，为蔓生性草本植物，又名山芋、甜薯、番薯、地瓜（北方称呼，南方又称红薯）。按肉色可分为红、黄、紫、灰 4 种，按成熟期可分为早、中、晚熟 3 种。甘薯中含 2%~7% 的可溶性糖，有利于酵母的利用。薯干的淀粉纯度高、颗粒大，组织又松散，含脂肪及蛋白质较少，易糊化，发展过程中升酸幅度较小，所以淀粉出酒率高于其他原料。但薯中含有 0.35%~0.4% 的甘薯树脂，对发酵稍有影响。薯干的果胶质含量也较多，使成品酒中杂醇及甲醇的含量较高。在酿造白酒时，一定要选择正常的甘薯，且只能酿制普通白酒。

2. 木薯

木薯又名树薯，有人工种植和野生之分，也有苦味和甜味木薯之分，大戟科木薯属植物。木薯是全球大薯类作物之一，种植面积仅次于马铃薯，全球有 6 亿多人以木薯为主食。我国南方的广东、广西、福建等地盛产木薯。木薯具备独特的生物学适应性和经济价值，其块根淀粉率高，含量一般在 26%~34%，干木薯粉中淀粉含量高达 70% 左右，高于甘薯和马铃薯，被誉为“淀粉之王”。其淀粉粒较大，透明度和黏度高，是世界公认的具有很大发展潜力与前景的生产酒精的可再生资源。

木薯中含有较多的果胶质及氰化物等有害成分，影响酒精的质量。应加强蒸煮后的废气排放，使这些低沸点的有害物多数从排气管中排出。除了加强原料的蒸煮外，还应加强蒸馏工段的管理，防止酒精中甲醇、氰化物含量超过国家卫生标准的限量。木薯主要用来做酒精生产原料，淀粉出酒率可达 80% 以上。

3. 马铃薯

马铃薯又名洋山芋、土豆。目前我国已在 22 个省、直辖市、自治区种植马铃薯，是世界马铃薯第一生产大国。马铃薯的淀粉颗粒较大，较易糊化，固态发酵使用马铃薯酿酒，辅料用量较大。需要注意的是马铃薯发芽后，其有毒的龙葵苷含量为 0.12%，绿色部分龙葵苷含量会增加 3 倍，外皮及幼芽中含量则更高，龙葵苷对发酵有危害作用。

三、豌豆

豌豆的蛋白质含量高，不是特别适合酿酒。但豌豆中含有丰富的香兰素等酚类化合物，其中 2- 甲基、3- 乙基吡嗪、2- 甲氧基 -3- 异丁基吡嗪最为重要，具有极强的坚果香及甜焦香气，并含有丰富的蛋白质和维生素，为白酒香味形成提供了丰富的物质基础。因此，有些酿酒企业，利用大麦及豌豆为制曲原料，其目的是增加酒体中的香味成分，而使酒体优雅丰满。如过去洋河酒厂制曲用的原料中，豌豆占 10%；清香型汾酒厂制曲时，豌豆占 40%。酒企的生产试验表明，加入 8% 的豌豆时酒的口感最好，酒香特浓，微有熟豆香气，令人愉快，入口浓厚绵甜，独具特色。

四、其他

除上述原料外，酿造白酒的原料还有甘蔗、甜菜、柿子、橡子、土茯苓、蕨根等。但目前使用代用原料的已很少见，且代用原料酿出的酒的质量也得不到保证。

第二节 白酒酿造的辅料

一、辅料的作用及要求

辅料一般指固态发酵白酒中的疏松剂（或叫填充料），如糠壳等。辅料的作用有：调整酒醅中的淀粉浓度；冲淡酸度；吸收酒精；保持浆水；使酒醅有一定的疏松度和含氧量；增加界面作用，使蒸煮、糖化、发酵和蒸馏顺利进行；增加酒醅的透气性等。

酿酒辅料也必须达到一定的要求。一般要新鲜、干燥、无霉味、无明显杂质，具有一定的疏松度及吸水能力，或含有某些有效成分。辅料较易吸潮变质，因此运输过程中一定要做好防雨淋工作，仓库贮存时要防潮、防漏，要有一定的贮存量。使用霉变的辅料会使酒质产生怪味，严重影响酒的质量。

二、常用辅料及其特性

1. 稻壳

稻壳、谷壳是稻米谷粒的外壳，是酿造大曲酒的主要辅料，为一种优良添加剂。除了具有一般辅料作用外，稻壳由于质地坚硬，在蒸酒时还可以减少原料互相黏结，避免塌气，保持粮糟柔熟不腻。由于稻壳中含有多缩戊糖、果胶质和硅酸盐等成分，在发酵过程中影响酒质，所以用量要严格控制，并且使用前要进行清蒸，将其挥发。稻壳的检验可用目测法：将稻壳放入玻璃杯中，用热水烫泡 5 分钟后，再闻其气味，以判断有无异味。一般要求新鲜、干燥、无霉味，呈金黄色。

2. 谷糠

酿制白酒用的是粗谷糠，其用量较少而发酵界面较大，故在小米产区多以它为优质白酒的辅料。也可将其与稻壳混用，使用经清蒸的粗谷糠制大曲酒。若用其作麸曲白酒的辅料，也是上乘的，可赋予成品酒特有的醇香和糟香，成品酒较纯净。

3. 高粱壳

高粱壳指高粱籽粒的外壳，吸水性能较差，用高粱壳和稻壳作辅料时，糟醅的入窖水分稍低于其他辅料。高粱壳虽含较高的单宁，但对酒质无明显的不良影响。

4. 玉米芯

玉米芯是玉米穗轴的粉碎物，粉碎度越大，吸水量越大。但其多缩戊糖含量较多，在发酵时会产生较多的糠醛，使酒稍呈焦苦味，会影响酒质。

高粱壳

鲜酒糟

玉米芯

5. 鲜酒糟

传统固态法白酒生产中产生的废酒糟很多，除可以继续用作酿酒的辅料（鲜酒糟干燥后用作填充料）外，还有不少其他用途。实现从“资源—产品—废弃物—再生资源—再生产品”的良性循环是当今“节能减排”的重点。目前针对鲜酒糟已有不少研究和经验，其用途可有：一作饲料；二作肥料；三充当制曲辅料；四作锅炉燃料；五作食用菌培养基；六作甲烷发酵液等。

6. 其他辅料

高粱糠及玉米皮既可以作制曲原料，又可以作为酿酒的辅料。花生皮、禾谷类秸秆的粉碎物等，也可作为酿酒辅料，但使用时必须清蒸排杂。甘薯蔓作为酿酒的辅料会使成品酒较差；麦秆会导致酒醅发酵升温猛，升酸高；荞麦皮含有紫芸苷，会影响发酵；花生皮单作辅料，会使成品酒中甲醇含量较高。

三、辅料的使用原则

辅料的使用与酿酒的产量、质量密切相关，又因酿酒工艺、季节、淀粉含量、酒醅酸度等不同而异。酿酒习惯称粮糠比，即辅料占投粮的比例，如：浓香型大曲酒为 22% 左右；酱香型茅台酒的辅料较少，一般手工操作；麸曲白酒为 25%~30%；优质麸曲白酒中用量不超过 20%。

四、传统工艺中对“合理配料”的要求

传统工艺中对“合理配料”有一定的要求。首先，按季节调整辅料用量，冬季适当多点，有利于酒醅升温，提高出酒率。其次，按底糟升温情况调整辅料用量，每次增减辅料时，应相应地补足酸和少量水，以保持入窖水分标准。此外，按出窖糟醅的酸度、淀粉含量调整辅料用量。最后，尽可能减少辅料用量，在出酒率正常的条件下，因季节等原因要减少投粮时，应相应减少辅料，保持粮糟比的一致。

第三节 白酒酿造的用水

“水为酒之血，曲为酒之骨，粮为酒之肉。”由此可见水在酿酒过程中所起的重要作用。从古人作坊式产酒到今天现代化酿酒，酿酒用水都是必备的原料，并备受关注。“名酒产地，必有佳泉”也强调了酿酒所用水质的重要性。事实上，许多名酒厂都选建在有良好水源的地方，如五粮液、泸州老窖都位于长江上游，茅台、郎酒建于赤水河边，剑南春有玉妃矿泉水，洋河酒有佳人泉，古井贡有古井山泉水等。

在白酒生产过程中，很多环节都要用水，包括工艺用水、锅炉用水、冷却用水等。其中生产工艺用水与原料、半成品、成品直接接触，包括制曲时搅拌各种粮食原料，微生物的培养、生长，制酒原料的浸泡，淀粉原料的糊化、稀释等工艺过程使用的酿造用水；用于清洗设备、工具等的洗涤用水；白酒在降度、勾兑时的用水。其中，对白酒品质影响最大的就是酿造用水和降度用水，这些是直接与酒体混合入口的，对酒的质量口感影响较大。

酿酒用水对水源的要求是至少无污染，最好选择溪水和矿泉水，其硬度较低，含杂质及有害成分少，微生物含量少，且含有适量的无机离子。其次选择深井水，再次是自来水，慎用地表水。生产过程的用水指标还应高于生活饮用水的卫生标准。对生产过程各环节用水，需严格遵循相关标准。

1. 酿造用水

白酒酿造用水以中等硬水为宜，即硬度为 8.1~12 度。酿造用水要求不得检测出细菌和大肠杆菌，游离态的氯量不得超过 0.1mg/L，硝酸态的氮不得超过 0.2~0.5mg/L，水的最合适 pH 值为 6.8~7.2。

2. 降度用水

降度用水一般情况下呈微酸性或微碱性，pH 为 7 的中性水质最佳。其物理特征必须是无色透明，用口尝应有清爽的感觉。当水体加热至 40~50 摄氏度，用鼻嗅挥发气体无任何气味。降度水要求硬度在 4.5 度以下，若用硬度大的水降度，酒中的有机酸与水中的 Ca、Mg 盐缓慢反应，将逐渐生成沉淀，影响酒质。

3. 锅炉用水

锅炉车间用水要求无固形悬浮物，总硬度低，pH 在 25℃时高于 7，含油量及溶解物等越少越好。锅炉用水中若含有沙子或污泥，会形成层渣而增加锅炉的排污量，并影响炉壁的传热，或堵塞管道和阀门。若含有多量的有机物质，则会引起炉火泡沫，蒸汽中夹带水分，因而影响蒸汽质量。若锅炉用水硬度过高，则会使炉壁结垢而影响传热，严重时，会使炉壁过热而凸起，引起爆炸事故。

4. 底锅水

底锅水中含有大量营养丰富的有机物，故必须在当天工作结束前清掏干净。若搁置一夜，底锅水就会出现酸败从而产生异味，次日被蒸入酒中将严重影响产品质量。

5. 冷却水

在液态发酵法或半固态发酵法生产白酒的过程中，蒸煮醪和糖化醪的冷却，发酵温度的控制，以及各类白酒蒸馏时的冷凝，均需大量的冷却水。冷却水为馏酒过程中作为酒蒸汽间接冷却用水，酒蒸汽通过水冷式冷凝器从气态转变成液态成为原酒。这种水不与物料直接接触，故只需温度较低，硬度适当，否则会使冷却设备结垢过多而影响冷却效果。

第三章 白酒的十二种香型

白酒是以含淀粉质的谷物（高粱、大米、玉米、糯米、小麦等）为主要原料，加入糖化发酵剂，经固态、半固态或液态发酵后蒸馏、陈酿、勾调而制成的含乙醇的饮料，是世界著名的六大蒸馏酒之一。由此可见，白酒的酿造原料、糖化发酵剂、发酵工艺、陈酿方式以及勾调均能直接影响白酒的质量风格。

白酒的风味纷繁复杂，无法以一个标准来评价。1979 年，第三届全国评酒会上正式提出和确立了浓香、酱香、清香、米香四大香型，开创了白酒分香型品鉴的先河，鼓香型、老白干香型、芝麻香型、董香型、兼香型、特香型、凤香型、馥郁香型这八种香型正是由四种基本香型中的一种或多种香型（两种或三种）在工艺技术的糅合下衍生出来的独特香型。虽然白酒香型的概念在消费领域逐渐淡化，但为了便于学习，我们依然从白酒香型的角度去学习白酒。

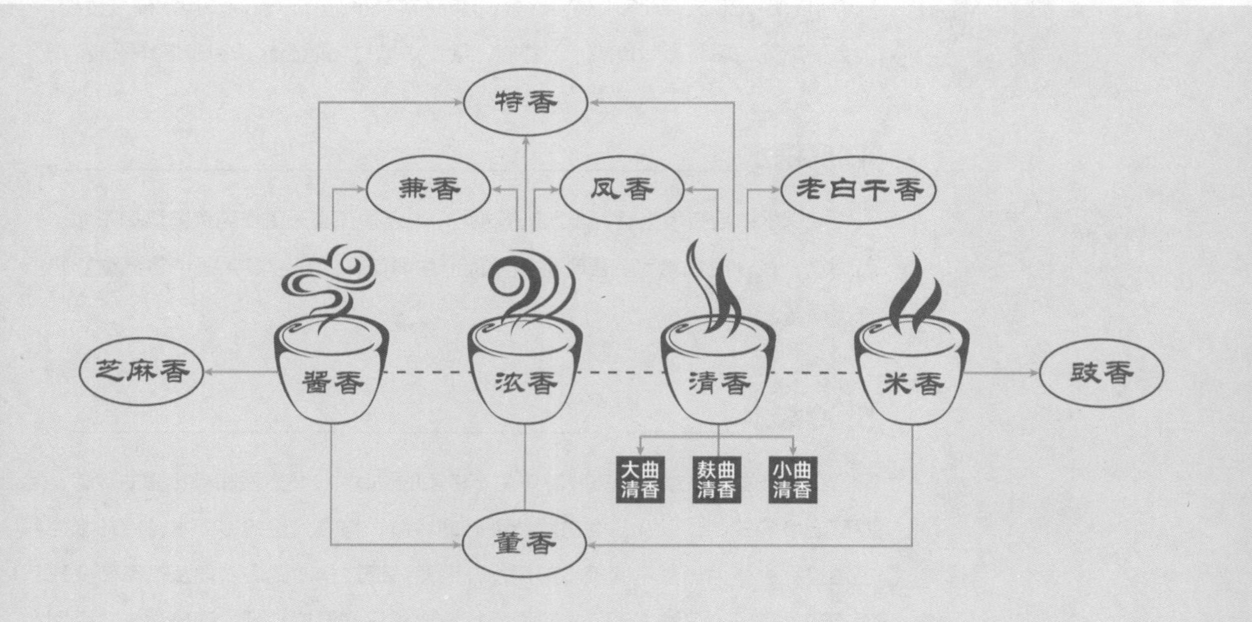

第一节 浓香型白酒的工艺特点

浓香型白酒以粮谷为原料，采用浓香大曲为糖化发酵剂，经泥窖固态发酵后陈酿、勾调而成，不直接或间接添加食用酒精及非自身发酵产生的呈色、呈香、呈味物质的白酒。从酿酒原料来划分，有多粮浓香型白酒和单粮浓香型白酒。从工艺上又大致可分为三大类：以川酒为代表的原窖法工艺类型、跑窖法工艺类型，以苏、鲁、皖、豫一带为代表的老五甑法工艺类型。

一、多粮浓香型白酒和跑窖法工艺的酿造特点

多粮浓香型白酒，顾名思义，即在酿造过程中采用多种粮食进行蒸煮、发酵，酿酒原料为高粱、大米、糯米、小麦、玉米五种粮食，糖化发酵剂为“包包曲”，采用“泥窖固态发酵，跑窖循环，续糟发酵；分层起糟，分层入窖；量质摘酒，按质并坛”等酿造工艺制得原浆酒，再经过贮存、勾调、陈酿、检测、包装等工艺，使酒体充分体现出独特、典型、幽雅的感官风格特征和典型个性。

跑窖法工艺又称跑窖分层蒸馏法工艺。跑窖法工艺以“跑”为主要特点，一个窖池的糟醅在下轮发酵时装入另一窖池（已备好的空窖），不将取出的发酵糟置于堆糟坝，而是逐甑取出分层蒸馏。由于跑窖没有堆糟坝，窖内的发酵糟是蒸一甑入窖一甑，这就自然形成了分层蒸馏。

二、单粮浓香型白酒和原窖法工艺的酿造特点

单粮浓香型白酒主要因其酿造时的混蒸混烧环节仅添加高粱而得名，并不是说整个酿造过程中只用一种粮食作为酿酒原料，其糖化发酵剂仍使用了小麦等谷物原料。

在工艺上，同跑窖法工艺相似，仍采用续糟配料、泥窖固态发酵、混蒸混烧、甑桶固态蒸馏、除头去尾、量质摘酒等工艺，再经原度储存、精心勾兑，使酒体体现出独特、舒适幽雅的感官特征。相较于跑窖法工艺而言，原窖法工艺强调“原窖”，即一个窖池的糟醅分层蒸馏取酒后仍装入原来的窖池进行下轮发酵，因而需要较大的“堆糟坝”分层堆糟，故“原窖法工艺”又称“原窖分层堆糟法”。

三、混烧老五甑法工艺

混烧老五甑法工艺是苏、皖、鲁、豫等省生产的名、优质浓香型大曲酒的典型生产工艺流程。

混烧老五甑法工艺，是原料与出窖的香醅在同一甑桶同时蒸馏和蒸煮糊化，在窖内有四甑发酵材料，即大楂、二楂、小楂和回糟。发酵糟出窖加入新原料分成五甑进行蒸馏，其中司四甑入窖发酵，另一甑为丢糟。

第二节 酱香型白酒的工艺特点

酱香型白酒是以高粱、小麦、水等为原料，经传统固态法发酵、蒸馏、贮存、勾兑而成的，未添加食用酒精及非白酒发酵产生的呈香、呈味物质，具有酱香风格的白酒。我国的酱香型白酒产区较少，主要集中在川黔赤水河畔、四川白酒金三角、湘桂鲁东北等地。

酱香型白酒最佳的制曲时间为“端午踩曲”，即端午时节踩制酱香型大曲，重阳节时投入高粱，进行第一轮发酵，其投入原料分为两次，即第一轮投料（俗称“下沙”）和第二轮投料（俗称“糙沙”），第一次和第二次各投总粮重量的 50%，后面的六轮次发酵不再添加高粱，蒸馏取酒后仅添加酱曲入窖发酵，采用条石窖（或碎石窖）八轮次发酵，每轮一个月，七次蒸馏取酒。

相较于其他香型的白酒酿造而言，酱香型白酒具有“四高两长”的特点：“四高”即高温制曲（65~69℃）、高温堆积（45~50℃）、高温发酵（窖内最高品温达 42~45℃）、高温流酒（流酒温度达 35~40℃）；“两长”即发酵周期长和原浆的贮存时间长，一年为一个大的生产周期，生产出的原浆酒需经三年贮存期方可投入使用，在贮存时按酱香、醇甜及窖底香三种典型体和不同分别长期贮存，再勾调成型。

型白酒的用曲量大，高于其他任何香型的白酒，加曲量和投粮量几乎香型大曲不仅作为糖化发酵剂，而且作为酱香物质的前体，分轮次加，随着用曲量的增大，香气成分也随之增大，给酱香独特香气创造了有利条件，故酱香型成品大曲的香气是酱香香味的主要来源之一。

第三节 清香型白酒的工艺特点

清香型白酒是以粮谷为原料，经传统固态发酵、蒸馏、陈酿、勾兑而成的，未添加使用酒精及白酒非发酵产生的呈香、呈味物质，具有以乙酸乙酯为主题的复合香的白酒。清香型白酒又分为大曲清香、小曲清香和麸曲清香。

一、大曲清香型白酒的工艺特点

大曲清香以高粱为酿酒原料，用大麦和豌豆制成低温大曲（制曲温度一般不超过 50℃），发酵周期为 28 天左右，原酒经贮存、勾调成产品。下曲时三种曲（清茬曲、后火曲和红心曲）并用，分别按 30%、40%、30%的比例混合使用，该三种曲在制曲工艺阶段基本相同，只是在培菌各阶段的品温控制上有所区别。

工艺操作采用地缸固态发酵、清蒸二次清，即发酵缸埋在地下，缸口与地面齐平，蒸粮和蒸酒分开进行。

二、小曲清香型白酒的工艺特点

小曲清香酒是清香型白酒中的一大流派，其品质区别于大曲清香酒和麸曲清香酒，属于小曲酒。其发酵周期短，出酒率高。小曲清香型白酒酿酒工艺主要有川法小曲清香和云南小曲清香。

川法小曲以重庆江津白酒为典型代表，云南小曲以云南玉林泉酒为典型代表。一般而言，发酵过程中用曲量少，为原料的 2‰ ~4‰；出酒率高，原料出酒率高达 52% 以上；发酵周期短，川法小曲一般为 5 天发酵。

三、麸曲清香型白酒的工艺特点

麸曲清香型白酒是北方烧酒的典型代表，以北京红星二锅头最为出名。其酿酒原料以高粱为主，糖化发酵剂是采用优良曲霉或根霉菌种在麸皮上扩大培养制成麸曲并配合酒母而成。由于麸曲具有原料简单、成本低、培养时间短、成品曲糖化力高、出酒率高、酿酒原料适应性广等优点，因此麸曲在我国北方地区普遍应用于白酒的生产。

第四节 米香型白酒的工艺特点

米香型白酒是以大米等为原料，经传统半固态法发酵、蒸馏、防酿、勾兑而成的，未添加食用酒精及非白酒发酵产生的呈香、呈味物质，为主体复合香的白酒。广西桂林三花酒为米香型白酒的典型代表，是中国历史悠久的传统酒种。

米香型白酒是以大米为原料酿造的。大米的主要成分是淀粉，淀粉率在70% 左右，还有少量的蛋白质和水分，不含任何对人体有害的物质成分。用单一的大米为原料酿出的酒口感纯净。它以小曲为糖化发酵剂。以根霉、酵母菌等微生物生长为主的小曲，糖化力强，繁殖快，酿酒时用曲量少。米香型白酒采用半固态半液态发酵工艺，生产前期为固态培菌糖化，后期为液态发酵、液态蒸馏。发酵周期较短，一般为 7~10 天。

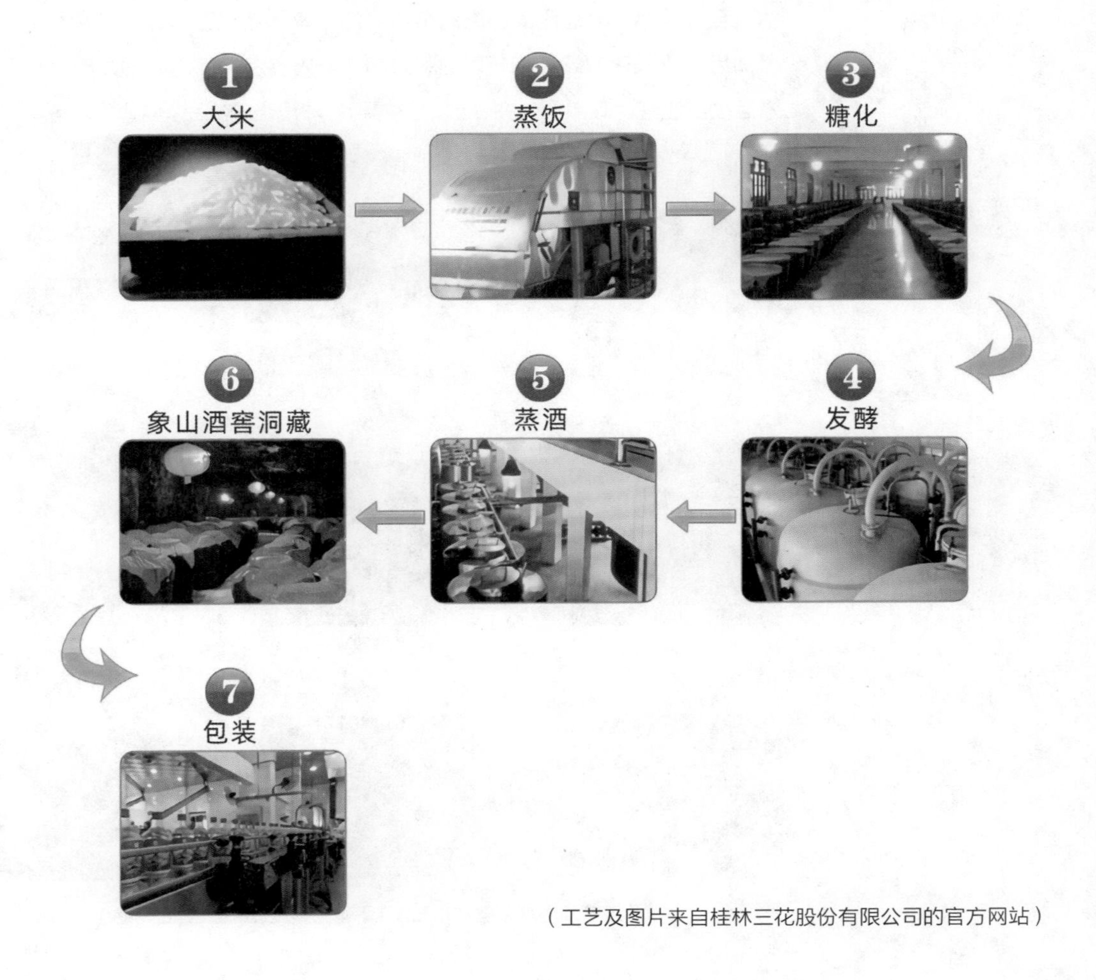

（工艺及图片来自桂林三花股份有限公司的官方网站）

第五节 其他香型白酒的工艺特点

一、豉香型白酒的工艺特点

豉香型白酒是以大米为原料，经蒸煮，用大酒饼作为主要糖化发酵剂，采用边糖化边发酵的工艺，经蒸馏、陈肉酝浸、勾调而成的，不直接或间接添加食用酒精及非自身发酵产生的呈色、呈香、呈味物质，具有豉香特点的白酒。

豉香型白酒在广东、台湾、厦门一带较为出名，其中以玉冰烧和九江双蒸酒为典型代表。这类香型白酒是用大米为原料，以米饭，冷凉后拌入占原料量20%~24% 磨成粉末的大酒饼，不经固体糖化阶段，随即加入一定比例的清水，控制发酵度在 28~35℃，边糖化边发酵，发酵期 10~15 天，成熟醪酒度达到 12~14 度，经釜式蒸馏方式制成酒度为 28~38 度的低度白酒，俗称斋酒。玉冰烧至今沿用“缸埕陈酿，肥肉酝浸”的传统酿造技艺，即斋酒存放 7~10 天澄清后，放入存有经老陈处理的肥猪肉大缸内浸泡，泡肉时间为一个月左右，然后抽出酒液、陈酿、勾兑、过滤，得到各种规格的成品。

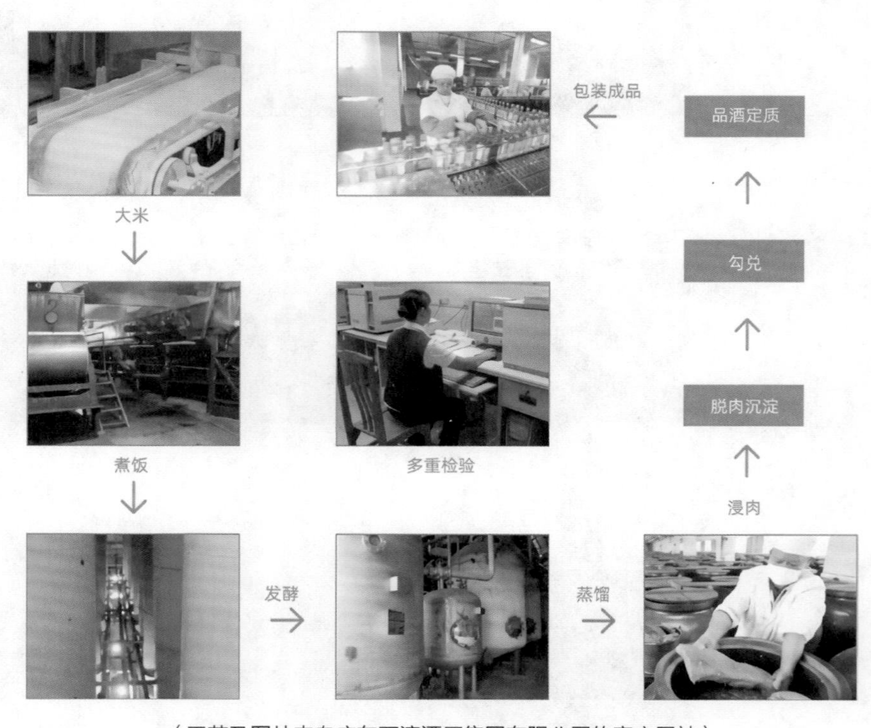

（工艺及图片来自广东石湾酒厂集团有限公司的官方网站）

酒海

二、凤香型白酒的工艺特点

凤香型白酒以粮谷为原料，经传统固态法发酵、蒸馏、酒海陈酿、勾兑而成的，未添加食用酒精及非白酒发酵产生的呈香、呈味物质，具有以乙酸乙酯和己酸乙酯为主的复合香气的白酒。凤香型白酒起源于陕西，以陕西省宝鸡市凤翔县的西凤酒为典型代表。

凤香型白酒以高粱为酿酒原料，用大麦、豌豆制曲，土窖固态续渣发酵，传统老五甑混蒸混烧工艺，分级入库、酒海贮存，精心勾兑而成。

凤香型白酒生产周期较长，一年为一个生产周期。第一年 9 月立窖，第二年 6 月挑窖。采用土暗窖池发酵，一年一度换新泥，中高温制曲（顶点温度为 58~60℃），偏高温入池发酵，发酵期短，为 12~14 天。

采用酒海贮存是凤香型白酒与其他白酒相比，最为显著的特点。酒海用当地荆条编制成大笼，以猪血、石灰制成的一种可塑性的蛋白质胶盐为涂料，麻纸裱糊数层至百层以上，最后三层用白布裱糊，层层烘干后再用鸡蛋清、熟菜籽油和蜂蜡做表面处理。凤香型白酒一般采用酒海贮存 1~3 年。

三、兼香型白酒的工艺特点

兼香型白酒，顾名思义，就是“兼有两种或两种以上香型的白酒”。一般而言，我们常说的兼香是浓香兼酱香型的白酒。兼香型白酒主要产自湖北、黑龙江，结合了茅台工艺、泸酒工艺和一些地域特色，带有酱香风味，又有浓香风味。兼香型白酒主要分为两大类型，酱大于浓白酒（以白云边为代表）和浓大于酱白酒（以玉泉为代表）。

（一）酱大于浓的兼香型白酒的工艺特点

白云边酒属于兼香型白酒中以酱为主的醇厚型流派。该酒以醇厚丰满、细腻圆润为特征，讲究幽雅厚实，给人一种非常舒适和愉快的酱陈香气和口味，回味悠长，其工艺特点是采用纯小麦高、中温制曲，高粱酿酒，高温堆积，次投料，续渣发酵，泥窖增香。其工艺过程可以概括为以高粱为原料，多轮次固态发酵，1 轮 ~7 轮为酱香工艺，8 轮 ~9 轮为混蒸混烧浓香工艺。

（二）浓大于酱的兼香型白酒的工艺特点

中国玉泉酒属于兼香型白酒中以浓为主的醇甜型流派。该酒以醇甜柔和、回甜爽净为特征，讲究清爽绵甜，给人一种浓中有酱，酱不露头，淡雅舒适的感觉。其工艺特点是采用纯小麦中温制曲，高温润粮，堆积增香，混蒸续渣，泥窖发酵。其工艺过程是采用酱香、浓香分型发酵产酒，分型陈贮，科学勾调。

四、芝麻香型白酒的工艺特点

芝麻香型白酒是以高粱、小麦（麸皮）等为原料，经传统固态法发酵、蒸馏、陈酿、勾兑而成的，未添加食用酒精及非白酒发酵产生的呈香、呈味物质，具有芝麻香型风格的白酒。芝麻香型白酒是山东地区白酒的一大特色香型，是浓、清、酱三大香型生产工艺巧妙结合的产物。

芝麻香型白酒以扳倒井和景芝酒为典型代表。酿酒工艺可以概括为：清蒸续渣，泥底砖窖，大麸结合，多微共酵，三高一长（高氮配料、高温堆积、高温发酵、长期贮存），精心勾调。其风格具有焦香、微有酱香、口味淡雅。芝麻香的形成条件主要是配料比中蛋白含量偏高，高温入池，高温发酵，加大用曲量，严格控制入池条件。

五、董香型白酒的工艺特点

董香型白酒又称为药香型白酒，其代表有贵州遵义的董酒，是用药材制曲或做原料，经发酵而成的。

董香型白酒的定义是：以高粱、小麦、大米等为主要原料，采用独特的传统工艺制作大曲、小曲，用固态法大窖、小窖发酵，经串香蒸馏，长期储存，勾调而成的，未添加食用酒精及非白酒发酵产生的呈香、呈味物质，具有董香型风格的白酒。

董香型白酒采用特制窖池进行酿酒，窖池用石灰、白善泥、洋桃藤泡汁拌和而成，偏碱性，适合细菌繁殖。其工艺是先采用小曲酒酿制法取得小曲酒，再用该小曲酒串蒸香醅得原酒，即在甑的下层装小曲酒醅，上层装香醅，蒸馏得原酒。虽然董香型白酒采用的是大、小曲混用工艺，但它的“香味”主要源于大曲、小曲中的药材原料。

董酒小曲

六、特香型白酒的工艺特点

特香型白酒是以大米为主要原料，以面粉、麦麸和酒糟配制的大面为糖化发酵剂，经红褚条石窖池固态发酵，固态蒸馏、陈酿、勾调而成的，不直接或间接添加食用酒精及非自身发酵产生的呈色、呈香、呈味物质的白酒。江西省樟树市的四特酒为特香型白酒的典型代表。特香型白酒是融浓、酱、清三香香型之优点的独特香型白酒。其生产工艺可以总结归纳为：整粒大米为原料，大曲面麸加酒糟，红褚条石垒酒窖，三型具备尤不靠（指酱香型、浓香型、清香型）。

特香型白酒以富含淀粉、植物性蛋白质、维生素等多种营养成分的大米为原料，不经粉碎、浸泡，直接与酒醅混蒸，使精大米的固有香味也被带入酒中，丰富了四特酒的香味。大曲原料是由面粉、麦麸、酒糟按一定比例混拌而成的。

特香型白酒的发酵窖池用红褚条石砌成，水泥勾缝，仅在窖底及封窖用泥。红褚条石质地疏松，空隙极多，吸水性强，这种亦泥亦石，非泥非石的窖壁，为有益微生物的繁衍创造了独特环境。

七、老白干香型白酒的工艺特点

老白干香型白酒是以粮谷为原料、经传统固态法发酵、蒸馏、陈酿、勾兑而成的，未添加食用酒精及非白酒发酵产生的呈香、呈味物质，具有以乳酸乙酯、乙酸乙酯为主体复合香的白酒。

老白干香型白酒以河北衡水老白干为典型代表，其生产工艺特点为以高粱为原料，纯小麦制曲，地缸发酵，老五甑混蒸混烧和两排清。

八、馥郁香型白酒的工艺特点

馥郁香型白酒起源于湖南湘西，是在秉承湘西传统小曲酒生产的基础上，结合中国传统大曲酒生产工艺，将小曲酒生产工艺和大曲酒生产工艺进行融合，形成的具有独特生产工艺的白酒。馥郁香型白酒以高粱、大米、糯米、玉米、小麦为酿酒原料，糖化发酵剂采用小曲培菌糖化，大曲配糟发酵，其中小曲用量为0.5%~0.6%，大曲占20%~22%，泥窖固态发酵，发酵时间为45~60天。

第四章 白酒的品鉴

白酒是一种具有色、香、味的感官知觉品，仅靠仪器测定是不能全面评价白酒的优劣的，因而品鉴技术在白酒质量评价中扮演着重要的角色，“品鉴”是国际通用评价酒类质量的方法，是白酒进入国际交流时的必备技巧。

品酒的历史在我国源远流长，不少文人学士写下了许多品评、鉴赏美酒佳酿的著作和诗篇。据《世说新语·术解》记载，“桓公（桓温）有主簿善制酒，有酒辄令先尝，好者谓‘青州从事’，恶者谓‘平原督邮’”。明代胡光岱在《酒史》中，已对“酒品”的“香、色、味”提供了较为系统的评酒术语。从古到今，用感官鉴定法来鉴别酒的芳香及其微妙的口味差别，仍具有明显的优越性，是任何理化鉴定代替不了的。中国白酒大多是以高粱、大米、玉米、糯米或小麦为酿酒原料，以大曲、小曲或麸曲及酒母为糖化发酵剂，经蒸煮、糖化、发酵、蒸馏、陈酿、勾兑而成的。原料、酿造工艺、地域、气候等的不同，造就了中国白酒百花齐放、各有千秋的风格特征。

在外界人士看来，品酒貌似披有一层神秘的面纱。白酒品酒师一般是轻轻擎起一只酒杯，细细端详杯中之酒的色泽，然后将鼻子凑近杯口，对酒吸气，几秒后，举杯饮一口，反复鼓动舌面，让那一小口酒在口腔中打转，与味蕾充分接触……然后便可知酒的产地、贮存时间、酿酒原料、酿酒工艺等。中国白酒品鉴是一项具有艺术性的技术，品酒者需要提升品酒技巧，夯实自身的品酒技艺。

第一节 品鉴的要求

一、对评酒员的要求

评酒员要身体健康，具有较灵敏的嗅觉、味觉、视觉，有尽量低的嗅觉和味觉感觉阈值。在日常生活中，需注意保护感觉器官，少吃或不吃刺激性食物，少饮酒，更不要醉酒，注意锻炼身体，使感觉器官始终保持在灵敏状态。

评酒员要热爱评酒工作，积累品酒经验，积极提高自身的品酒专业性。在评酒工作中，应“以酒论酒”，客观公正地评价白酒。评酒员在品评时，应准确表述所获得的感受，对同一产品的每一次回答要保持一致。

在评酒过程中，评酒员应各自品评，不得互讲互议，并做好详细记录；评酒时不能吸烟，不能大量饮酒，不得带具有香味并影响评酒的物品进入品酒场所，品酒前不食用蒜、葱等具有浓郁香味的食物，更不准涂抹化妆品、口红等；评酒时应保持心平气和，评酒顺序为酒度从高到低，酒质从差到优；每天的品酒时间不宜过长，以免因感觉疲劳导致品评误差。

二、对环境和品酒器具的要求

评酒室的环境噪声通常在 40dB 以下，温度为 18~22℃，相对湿度为 50%~60%，照度 100lx，风速 0.01~0.50m/s（近似无风状态）。

白酒品评多用郁金香型酒杯，容量约 60mL，评酒时装入 1/2~3/5 的容量，即到腹部的最大面积处。这种酒杯的特点是腹大口小：腹大意味着蒸发面积大，口小能使蒸发的酒气味分子比较集中，有利于嗅觉评酒。评酒用的酒杯要专用，以免染上异味。

在每次评酒前应彻底洗净酒杯，先用温热水冲洗多次，再用洁净凉水或蒸馏水清洗，然后倒置在洁净的瓷盘内，不可放入木柜或木盘内，以免沾染木料或涂料的气味。

第二节 品鉴的过程

白酒的品鉴主要包括色泽、香气、口味和风格四个方面。我们分别利用视觉器官、嗅觉器官和味觉器官来辨别白酒的色、香和味，即所谓的“眼观色，鼻闻香，口尝味，综合起来看风格”。

眼观色：对白酒色泽的评定是通过人的眼睛确定的。先把酒样放在评酒桌的白纸上，用眼睛正视和俯视，观察酒样的颜色及深浅程度，同时做好记录。在观察透明度、有无悬浮物和沉淀物时，要把酒杯拿起来，略微倾斜，轻轻摇动，使酒液游动后再进行观察。根据观察，对照标准打分并作出针对色泽的鉴评结论。

鼻闻香：白酒的香气是通过嗅觉确定的。通过嗅闻白酒的香气，可以粗略判断白酒质量的好坏。在被评酒样上齐后，首先应注意观察酒杯中的酒量多少，要把杯中多余的酒样倒掉，使同一轮酒样中酒量基本相同之后，才嗅闻其香气。将酒杯同鼻子保持 30 度的倾角进行嗅闻，鼻子和酒杯的距离要一致，一般在 1~3cm，均匀吸气，不能对酒呼气。嗅闻时反复按正序和反序辨别酒的香气特点。初步排出顺位后，嗅闻的重点是对香气相似的酒样进行对比，最后确定质量优劣的顺位。当不同香型混在一起品评时，应先分出各编号属于何种香型，而后按香型的顺序依次进行嗅闻。为确保嗅闻结果的准确，可把酒滴在手心或手背上，靠手的温度使酒挥发来闻其香气，或把酒倒掉，放置几分钟后嗅闻空杯。

口尝味：白酒的口味是通过味觉确定的。先将盛酒样的酒杯端起，吸取 0.5~2.0mL 酒样于口腔内，使酒样布满舌面， 然后再用舌鼓动口中酒液，使之充分接触上网、喉膜、颊膜，仔细感受品评酒质的醇厚、丰满、细腻、柔和、情调及刺激性等，可咽下少量酒液，然后使酒气随呼吸从鼻孔喷出，感受酒气是否刺鼻及香气的浓淡，判断酒的后味与回味。品尝次数不宜过多，一般不超过 3 次。每次品尝后用温水漱口，以避免味觉疲劳。品尝要按闻香的顺序进行，从香气弱的酒样开始，逐个进行品评。在品尝时应把异杂味大的异香和暴香的酒样放到最后尝评，以防味觉刺激过大而影响品评结果。

在尝味时按酒样多少，一般又可分为初评、中评、总评三个阶段。

初评：一轮酒样闻香后从嗅闻香气小的开始尝味，入口酒样布满舌面。以下咽少量的酒样为宜，仔细辨别酒的各种滋味，酒下咽后，可同时吸入少量空气，并立即闭口用鼻腔向外呼气，辨别酒的后味和回味。记录好初评顺位。

中评：重点对初评口味近似的酒样进行认真品尝比较，确定中间酒样口味的顺位。

总评：在中评的基础上，可加大入口量，一方面确定酒的余味，另一方面可对异香、暴香、邪杂味大的酒进行品尝，以便从总的品尝中排列出本轮次酒的顺位，并写出确切的评语。

综合起来定风格、看酒体、找个性。根据色、香、味的品评情况，综合判断出酒的典型风格、特殊风格、酒体状况、是否有个性等。最后根据记忆或记录，对每个酒样分项打分和计算总分。参照标准中规定的感观指标，对不同酒度、不同等级的酒进行不同的描述。不同香型白酒的感官特征区别比较大，我们在品鉴白酒时，一般按照每一种香型标准来评价白酒质量的好坏。

一、品鉴浓香型白酒

根据地域浓香型白酒可分为川派浓香和江淮派浓香。整体而言，浓香型白酒的颜色应是无色或微黄，外观应清亮透明、无悬浮物、无沉淀。一般而言，贮存时间较长的浓香型白酒会呈现微黄色。

川派浓香的香气浓郁，窖香、多粮香浓郁，陈香突出，口味上突出醇厚感，净爽程度好；江淮派浓香的窖香淡雅，粮糟香突出，入口丰满绵甜，后味长。根据酿酒时添加的原料种类，可分为单粮浓香和多粮浓香。单粮浓香主要突出高粱的发酵香气，入口爽净感好；多粮浓香则是多种粮食发酵的复合香气，芬芳浓郁，入口醇厚感好。无论从流派还是发酵粮食而言，浓香型白酒都强调“窖香或多粮香浓郁，绵甜醇厚，香味协调”，因此可以通过感受酒样的香气浓郁程度，酒体的香味协调程度，以及后味爽净程度来区分浓香型白酒的质量。

二、品鉴酱香型白酒

酱香型白酒以贵州的茅台和四川的郎酒为典型代表。从色泽和外观来看，酱香型白酒的酒体应该是微黄或无色透明的，清澈透亮，无悬浮物，无沉淀。一般而言，倒进透明玻璃酒杯后，自然发酵颜色越微黄，酒花越多且消失得越慢的酒质就越好。

酱香型白酒以酱香为主，带有馥郁的高温曲香味，酱香、焦香、果香（酯香）、糊香等复合香气自然协调，相互烘托。轻轻吸 0.5~2mL 酒液入口，鼓动舌头，让酒液均匀布满舌面，我们能感受到酱酒的酸度较高，口味酸爽，细腻悠长。品完酒液后，将酒倒掉，甩干酒杯，隔 10~15min 嗅闻空杯。空杯留香长短是鉴别酱香型白酒质量的有效方法之一，空杯留香越长，香气越优雅，则酒质越好。

三、品鉴清香型白酒

根据糖化发酵剂类别和生产工艺，清香型白酒分为大曲清香、麸曲清香和小曲清香。清香型白酒的颜色和外观应具有无色透明（或微黄）、无悬浮物、无沉淀等特点。

大曲清香型白酒以山西的汾酒为典型代表，亦称汾型酒，具有清雅的酿造香气，又类似花香，是一种清新的大自然的香气，很干净。大曲清香入口绵柔舒顺，不刺激，口味特别净爽。

麸曲清香型白酒主要集中在北京一带，香气略带有麸皮的香气，香气舒适，味道清雅，但清而不淡。麸曲清香入口绵柔，香气在口腔中散开进入鼻腔，类似麸醋。

小曲清香型白酒产区主要集中在川渝和云南等区域，根据其香气和工艺分为“川法小曲”和“云南小曲”，带有小曲酒特有的清香、糟香和微微的药香。小曲清香的口感绵甜，甜味突出，后味中高粱发酵香和小曲香气突出。

四、品鉴凤香型白酒

凤香型白酒属于清香和浓香的结合体，它的颜色和外观也应具有无色透明（或微黄）、无悬浮物、无沉淀等特点。凤香型白酒的香气中有类似蒸熟豌豆的香气，因用泥池发酵、续渣混蒸、酒海贮存，所以酒带有泥香气味和酒海带来的特殊香气，清香味中带淡淡的窖香味。入口有香气往上蹿的感觉，口感较烈，有挺拔感、清雅感。

五、品鉴兼香型白酒

兼香型白酒是浓香和酱香型白酒工艺的结合体，有以浓香中带酱香的黑龙江玉泉酒和酱香中带浓香的湖北白云边为代表。无论是浓香带酱香还是酱香带浓香，都要求其香气中酱浓协调，口味细腻悠长。

六、品鉴米香型白酒

米香型白酒主要产于广西一带，以桂林三花酒为典型代表。从外观上看，米香型白酒具有清亮透明、无悬浮物、无沉淀的特点。闻香有蜜雅的气味，香有点闷，有淡淡的玫瑰香气。口味突出大米酿酒特有的“净”，后味较短。

七、品鉴豉香型白酒

广东一带生产豉香型白酒，以佛山的石湾玉冰烧为典型代表。从外观上看，它具有清亮透明、无悬浮物、无沉淀的特点。因其后期储存中，加有肥猪肉浸泡陈酿，闻香有油哈香味，细闻带蜜雅的味道。入口醇滑柔和，味特别长。饮后余甘，清爽宜人。

八、品鉴芝麻香型白酒

芝麻香白酒是山东特产，因其具有炒芝麻的香气得名。它具有微黄透明、无悬浮物、无沉淀的特点。香气以清香和酱香复合香为主，带炒芝麻的香气，有明显的焦香味。口味醇厚丰满，焦香突出，略带浓香型白酒中的窖香及醇甜感。

在品尝芝麻香型白酒时，芝麻香气的浓厚感仿佛凝聚成一滴油，从酒杯中满溢出来，也有一点咸味调和芝麻油后复合的油咸香味，给鼻腔一种浓厚感，喝起来有焙炒芝麻的糊香和焦香，很有层次，很香很厚，细细品鉴还有一点咖啡香。

九、品鉴董香型白酒

董香型白酒产自贵州，因其制曲原料中添加了部分中药材，香气中带有似“中草药”的香气。董香型白酒具有无色或微黄透明、无悬浮物、无沉淀的特点。香气中带药香和糟香，有似汗水的香气。入口酸甜，丰满醇厚，复合香浓郁，后味悠长。

十、品鉴特香型白酒

特香型白酒是江西特产，和其他白酒一样，它的外观具有无色或微黄透明、无悬浮物、无沉淀的特点。特香型白酒香气具有糟香、窖香、甜香的复合香味。入口后具有“前浓、中清、后酱”的特点，即刚入口时让人感觉是浓香白酒，当酒液布满舌面后，出现清香型白酒的醇甜感，最后有酱香型白酒的香气。整体而言，口味柔和，醇甜，有黏稠感，酒液进入口腔后带类似蜜香和甜香。

十一、品鉴老白干香型白酒

老白干香型白酒主要产自衡水一带，原属于清香的范畴，它的香气中有醇香、麦香及糟香，细闻有类似枣香，入口有清雅感，有大曲清香特有的挺拔感，后味悠长。

十二、品鉴馥郁香型白酒

馥郁香型白酒以湖南酒鬼酒著名，外观为微黄透明、清亮、无沉淀。因其香气浓郁，具有浓香、清香、酱香的香气，故而称之为“馥郁香”。在味感上突出醇和、丰满、圆润。

第五章 白酒的品牌

第一节 国家名酒

近几十年来，我国对白酒共进行过好几次国际级评比，所以目前人们比较认可的“国家名酒”是指获得过金质奖章的国家名酒品牌；而通常提到的“国优”酒是指获得过银质奖章的国家优质酒。这两类酒的白酒品牌，是经过全国评酒会评选出来的，其级别最高，具有专业性，因此说服力最强。如第五届全国评酒会评出了国家名酒 17 种，国家优质酒 53 种。国家名酒大都在商标上注有“中国名酒”四个字，此外还印有金质奖章的图案。国优酒大都在商标上注有“国优”字样或印有银质奖章图案。历经多年的发展，这些名酒品牌在行业中仍属佼佼者。所谓“省优”是指获得省级质量奖的酒。所谓“部优”品牌，则是指经国家某个部委等评出的优质酒。现在国内被称为“名酒”的酒很多，至于那些打广告时宣称自己是所谓“国家名酒”的酒，一般是得不到权威专家和老百姓的认可的。

一、茅台酒

茅台酒，贵州省遵义市仁怀市茅台镇特产，为国家名酒，中国驰名商标，中华老字号，大曲酱香型白酒的鼻祖，中国国家地理标志产品。公司的全称为中国贵州茅台酒厂有限公司，为上市公司。

（一）茅台酒的起源

在汉代时，今茅台镇一带有了“枸酱酒”。《遵义府志》载：枸酱，酒之始也。司马迁在《史记》中记载：建元六年（公元前 135 年），汉武帝令唐蒙出使南越，唐蒙饮到南越国（今茅台镇所在的仁怀县一带）所产的枸酱酒后，将此酒带回长安，敬献武帝，武帝饮而“甘美之”，并留了“唐蒙饮枸酱而使夜郎”的传说。这成为茅台酒走出深山的开始，此后，茅台酒一直作为朝廷贡品而享盛名于世。

唐宋以后，茅台酒逐渐成为历代王朝贡酒，并通过南丝绸之路，传播到了海外。

到了清代，茅台镇酒业兴旺，“茅台春”“茅台烧春”“同沙茅台”等名酒声名鹊起。“华茅”就是茅台酒的前身。康熙四十三年（公元 1704 年），“偈盛烧房”将其产酒正式定名为茅台酒。据清《旧遵义府志》记载，道光年间，“茅台烧房不下二十家，所费山粮不下二万石。”道光二十三年（公元 1843 年），清代诗人郑珍咏赞茅台“酒冠黔人国”。

（二）茅台酒的酿制

茅台酒以本地优糯高粱为原料，用小麦制成高温曲，用曲量多于原料。用曲多，发酵期长，多次发酵，多次取酒等独特工艺是茅台酒风格独特、品质优异的重要原因。

茅台酒的酿制技术被称作“千古一绝”。酿制茅台酒要经过两次加生沙（生粮）、九次蒸馏、八次摊晾加曲（发酵七次）、七次取酒，生产周期长达一年，再陈贮三年以上，勾兑调配，酿制而成的基酒需在陶坛中经过三年以上的贮存，最后，采用酒勾酒的方式将一百余种不同酒龄、不同香型、不同轮次、不同酒度等各有特色的基酒进行组合，然后再贮存一年，使酒质更加和谐醇香，绵软柔和，方能装瓶出厂，全部生产过程近五年之久。在此期间，要经历重阳下沙、端午踩曲、长期贮存等工艺环节的淬炼，因而形成了茅台酒的典型风格。

（三）茅台酒的特点

茅台酒是风格最完美的酱香型大曲酒之典型，故“酱香型”又称“茅香型”。其酒质晶亮透明，微有黄色，酱香突出，令人陶醉。敞杯不饮，香气扑鼻；开怀畅饮，满口生香；饮后空杯，留香更大，持久不散。口味幽雅细腻，酒体丰满醇厚，回味悠长，茅香不绝。茅台酒液纯净透明、醇馥幽郁的特点，是由酱香、窖底香、醇甜三大特殊风味融合而成，现已知香气组成成分多达 300 余种。茅台酒高沸点，所含物质丰富，这是其他香型白酒所不具有的特点。且不管它具有什么荣誉，什么功效，单是这口味就足够令人流连忘返的了。陈毅有诗：“金陵重逢饮茅台，万里长征洗脚来。深谢诗章传韵事，雪压江南饮一杯”。

二、五粮液

天下三千年，五粮成玉液。五粮液酒是浓香型大曲酒的典型代表，已经有 3 000 多年的酿造历史，是中国最著名的白酒之一。为中国驰名商标，中华老字号，行业领导品牌。五粮液产于四川省宜宾市五粮液酒厂，自 1915 年荣获巴拿马万国博览会金奖至今，已先后获得国家名酒、国家质量管理奖、中国最佳诚信企业、百年世博 · 百年金奖等上百项国内、国际荣誉。1985 年、1988 年五粮液荣获商业部优质产品称号及金爵奖；1963 年、1979 年、1984 年、1988 年五粮液荣获全国第二、三、四、五届评酒会上国家名酒称号及金质奖；1988 年五粮液荣获香港第六届国际食品展览会金龙奖；1989 年五粮液荣获日本大孤第三届 89 关西国际仪器展金质奖；1990 年五粮液荣获泰国国际酒类博览会金奖；1991 年五粮液荣获保加利亚普罗夫迪夫国际展览会金奖及德国莱比锡国际博览会金奖；1992 年五粮液荣获美国国际名酒博览会金奖；1993 年五粮液荣获俄罗斯圣彼得堡国际博览会特别金奖。2008 年，五粮液传统酿造技艺被列入国家级非物质文化遗产。2017 年，五粮液品牌位居“亚洲品牌 500 强”第 60 位、“世界最具价值品牌 500 强”第 100 位 、“世界品牌 500 强”第 338 位。

（一）五粮液的起源

戎州盛唐时期的重碧酒，宋代称碧香酒，亦称姚子雪酒。黄庭坚在宜宾做官时曾写下诗句“大农部丞送新酒，碧香窃比主家酿。”亦写下“姚子雪曲，杯色争玉。得汤郁郁，白云生谷。清而不薄，厚而不浊。”将此酒的特色呈现出来。明初，重碧酒的传承人“温德丰”陈老板，以家中世代相传的粮食酒酿制技法，写出原料配比及酿造方法“陈氏秘方”。为防止秘方泄露，规定只能家族内传承，传男不传女。但陈家第六代传人陈三后继无人，他怕此方失传，遂传给了爱徒赵师傅。赵家后人赵铭盛又将其光大，民国初年，他被宜宾酿酒界公推为各酒作坊酿造总技师。在赵铭盛的苦心经营下，“温德丰”声名远扬。赵铭盛也膝下无子，他又将秘方传给了门下技艺精湛的酿酒师邓子均。因此酒由当地五种土产粮食配比酿制，芬芳浓郁，前清举人杨惠泉为酒更名“五粮液”。1915 年，五粮液参展美国巴拿马万国博览会，荣获酒类金奖。1949 年，由宜宾“长发升、利川永、张万和、钟三和、刘鼎兴、万利源长、听月楼、全恒昌”八家酿酒作坊组建成宜宾市大曲酒酿造工业联营社（即宜宾五粮液集团的前身）。邓子均献出“陈氏秘方”并出任酒厂技术顾问，指导五粮液酿造生产。1952 年，联合组建为川南行署区专卖事业公司宜宾专区专卖事业处国营二十四酒厂。1959 年，企业更名为四川省地方国营宜宾五粮液酒厂。1964 年，正式更名为四川省宜宾五粮液酒厂。1998 年，改制为四川省宜宾五粮液集团有限公司。

（二）五粮液的酿制

五粮液集天、地、人之灵气，采用传统工艺，精选优质高粱、糯米、粳米、小麦和玉米这五种粮食为原料，遵循古传“陈氏秘方”，通过制曲、复式固态窖池发酵、蒸馏提纯、量质摘酒、分级陈酿、勾兑调味等，以制曲、酿酒、勾兑三大工艺为主要工序，使含淀粉或糖质的原料在微生物活性状态过程中发生酶的作用，而产出香气悠久、味醇厚、入口甘美、入喉净爽、各味协调、恰到好处、酒味全面、具有中庸和谐完美品质的五粮液美酒。它是世世代代五粮液人对我国西南自然环境认知并与其在互动过程中以生产、生活实践活动形成的、让非凡创造力得以体现的独特文化表现形式，是千百年来历代酿酒技师智慧的结晶，是中国蒸馏酒传统酿造技艺的杰出创造。

五粮液酒在“陈氏秘方”基础上不断创新技艺，如“跑窖循环”“固态续糟”等发酵技术，使发酵后的酒味导入醇和、醇厚、醇正、醇甜的绝妙境界。拥有“陈氏秘方”，包包曲制曲工艺，跑窖循环、续糟配料，分层起糟、分层入窖，分甑分级量质摘酒、按质并坛等酿酒工艺，原酒陈酿工艺，勾兑工艺以及相关的特殊技艺，五粮液的酿造工艺达到了令人叫绝的境界，所以获得了入选中国非物质文化遗产的这一至高无上的荣誉。

酒的历史也是一部恢弘的中国文化巨制，错综复杂的工艺依赖四川宜宾得天独厚的地理人文气候氛围，独有的五种粮食配方只是其一，五粮液生产过程有 100 多道工序，三大工艺流程：制曲、酿酒、勾兑。其中制曲利用了有 600 多年历史的明代古窖池群。几百年来窖泥中的微生物不断发酵繁衍，依托窖泥中的微生物与宜宾水土风气交融互合，五粮液酿造技艺中的包天包地“包包曲”才如此藏风聚气，造就出五粮液无法复制的芬芳口感，体现出五粮液酿造技艺天时地利的鲜活文物的价值所在。

（三）五粮液的特点

五粮液属浓香型，晶莹透明，具有“香气悠久、味醇厚、入口甘美、入喉净爽、各味协调、满口溢香、恰到好处”的独特风格，沾唇触舌并无强烈刺激感，是当今酒类产品中出类拔萃的精品。五粮液作为纯天然绿色饮品，味觉层次全面而丰富，协调地调动了人的视觉、嗅觉、味觉三种美感的最佳享受，体现了中国“中庸”文化的极高境界，因此五粮液酒深受中外消费者的喜爱。诗人任卫新这样描写五粮液：“香了一条大江，醉了一条大江。香得山高水长，醉得地久天长。香有香的名堂，醉有醉的文章。只因为，大江源头一壶琼浆，香了醉了，天下三千年时光。”

三、汾酒

汾酒是中国驰名商标，全国重点文物保护单位，国有独资公司。公司全称为山西杏花村汾酒集团有限公司。1915年汾酒荣获巴拿马万国博览会甲等金质大奖章，连续五届被评为国家名酒，驰誉中外，是人们喜爱的文化名酒之一，在国外也有很高的知名度和美誉度。

（一）汾酒的起源

汾酒历史悠久，文化源远流长，和华夏文明、黄河文明、晋商文化同根同源，一脉相承。汾酒历史文化底蕴深厚，在白酒行业独树一帜，为行业所公认，这也是汾酒的核心竞争优势之一。山西杏花村的酿酒史至少可以追溯到1500年以前。唐诗人杜牧诗云："清明时节雨纷纷，路上行人欲断魂。借问酒家何处有？牧童遥指杏花村"。唐朝时候，杏花村有72家酒作坊，清代中叶增至220余家。

杏花村起源于唐朝，由于当时的汾州保健酒汾清、羊羔和杏仁露等需要杏仁，所以酒坊附近广栽杏树，久而久之村名约定俗成。后来随着汾酒工艺的改变，杏仁不再是酿酒原料，杏花村的杏树失去保护价值而逐渐消失，但杏花村这一村名一直存在。之后成立杏花村镇，杏花村由村名变为镇名。

山西汾阳杏花村是中国酒与酒文化的发祥地。杏花村酿酒历史悠久，地理条件独特，具有优良的地下水资源和特有的酿酒微生物群，人杰地灵，酒香味美，其酿酒历史悠久。得天独厚的自然地理条件，无与伦比的传统酿造工艺，精益求精的品牌文化理念，造就了千年传世佳酿——汾酒。

（二）汾酒的酿制

山西杏花村清香型汾酒的传统酿制工艺不仅是汾酒酿造的核心技术，而且是中国最具代表性的制酒工艺，是中国传统白酒酿造的正宗血脉。它不仅源远流长，衍生了众多其他酒类酿造技术，而且对汾酒产区的生产、生活方式，乃至对全国广大地区的酒文化产生了重大的影响。

说到杏花村汾酒的酿制技艺，当然令人惊叹。汾酒历史悠久，工艺独特。杏花村汾酒饮后回味悠长，酒力强劲而无刺激性，使人心悦神怡。汾酒享誉千载而盛名不衰，与其造酒的水纯、艺巧分不开。名酒产地，必有佳泉，"古井亭"

的井水水质优良，含丰富的矿物成分，不仅利于酿酒，且对人体有较好的医疗保健作用。

汾酒的酿制工艺与它独特的地理环境是密不可分的。杏花村是山西汾阳市一个镇，距省城太原90多公里，有高速公路相连。杏花村在吕梁山下，汾水河畔，是一个具有典型北方特征的农村小镇。这里四季分明，地下水质优良且资源丰富，空气清新，适宜种植高粱、豌豆等农作物。杏花村有取之不竭的优质泉水，又有充足、优质的高粱、豌豆等农作物作为酿酒原料，这无不给予汾酒以无穷的活力。此外，汾酒的清香型口感与杏花村的空气土壤有着直接必然的关联，在这里有上百种微生物“安家落户”，形成了独特的“汾酒微生物体系”。

汾酒酿造是选用晋中平原的“一把抓高粱”为原料，以大麦、豌豆制成的“青茬曲”为糖化发酵剂，取古井和深井的优质水为酿造用水，采用“地缸固态分离发酵，清蒸二次清”[1]的传统酿制技艺。所酿成的酒，酒液莹澈透明，清香馥郁，入口香绵、甜润、醇厚、爽冽。酿酒师傅的悟性在酿造过程中起着至关重要的作用，像制曲、发酵、蒸馏等就都是经验性极强的技能。千百年来，这种技能以口传心领、师徒相延的方式代代传承，并不断得到创新、发展，在当今汾酒酿造的流程中，它仍起着不可替代的关键作用。

（三）汾酒的特点

汾酒是我国清香型白酒的典型代表，以其清香、纯正的独特风格著称于世，是国家清香型白酒标准制定的范本。其典型风格是酒液清冽，晶亮透明，清香纯正，入口绵、落口甜、饮后余香不绝，素以色、香、味“三绝”著称。适量饮用能驱风寒、消积滞、促进血液循环。有酒度38度、48度、53度等系列产品。注册商标有杏花村、古井亭、长城、汾字牌等。

---

[1] 清蒸二次清：采用二次发酵法，即先将蒸透的原料加曲埋入土中的缸内发酵，然后取出蒸馏，蒸馏后的酒醅再加曲发酵，将两次蒸馏的酒配合后方为成品。

洋河大曲，中国名酒，中国驰名商标，曾被列为中国的八大名酒之一。公司的全称为江苏洋河酒厂股份有限公司。该公司曾参与国家浓香型白酒新标准的制定。作为中国名酒的杰出代表，洋河多次在全国评酒会上获得殊荣，彰显了名酒风范。

（一）洋河大曲的起源

洋河酿酒起源于隋唐、隆盛于明清，曾入选清皇室贡酒，素有“福泉酒海清香美，味占江淮第一家”的美誉。江苏省宿迁市的洋河镇在汉朝时早已是个酿酒的名地。宿迁市的双沟镇因“下草湾人”“醉猿化石”的发现，被誉为是中国最具天然酿酒环境与自然酒起源的地方。

（二）洋河大曲的酿制

洋河大曲产区位于东经 118° 40′ ~119° 20′，北纬 33° 8′ ~34° 10′，海拔在 15~20 米，土壤深厚肥沃，地下水丰富，雨量充沛，气候温和，年平均气温为 14.3 ℃，年平均无霜期 230 天，年平均降水量 850 mL 左右，温湿的自然气候及绿色生态环境特别适宜洋河大曲酒酿造时微生物的生存和繁衍。

洋河大曲酒是江苏省泗阳县的洋河酒厂所产，以优质高粱、大米、糯米、玉米、小麦、大麦、豌豆为原料，用当地有名的“美人泉”的水酿造，以洋河大曲为糖化、发酵、生香剂，依托长期自然形成的老窖，应用从洋河酿造环境中分离的 YH-LC1 窖泥功能菌，采用混蒸续馇六甑工艺，低温入池，缓慢发酵酿成。

基酒发酵周期在 60 天以上，调味酒发酵周期在 180 天以上，分层缓慢蒸馏，量质摘酒，按绵柔典型体分级入陶坛贮存，经分析、品尝、贮存老熟、勾兑、调味，再包装出厂。基酒酒龄不少于 3 年，调味酒酒龄不少于 5 年。

（三）洋河大曲的特点

洋河大曲酒液澄澈透明，酒香浓郁清雅，入口鲜爽甘甜，口味细腻悠长，最适合与南京盐水鸭和金陵烤鸭一同畅饮。洋河大曲被中国和日本公认为东方的洋酒。

洋河酒厂发展很快，其成功也是有一定的必然成分的。洋河比较注重塑造自己的形象，生产了诸多系列，如梦之蓝——洋河蓝色经典就成为酒中之王、酒中骄子。现洋河大曲的主要品种有洋河大曲（55度）、低度洋河大曲（38度）、洋河敦煌大曲和洋河敦煌普曲等品种。洋河酒具有独特的风格特点。“甜、绵、软、净、香”是洋河大曲的特色。江苏洋河酒厂股份有限公司率先突破白酒香型的分类传统，首创以“味”为主的绵柔型白酒质量新风格。2008年，《地理标志产品洋河大曲酒》将“绵柔型”作为白酒的特有类型写入国家标准。绵柔型白酒的代表作——梦之蓝和绵柔苏酒，先后荣获“最佳质量奖”“中国白酒酒体设计奖”“中国白酒国家评委感官质量奖”等国家级质量大奖。2017年，在中国统计信息中心发布的消费者口碑排行榜中，公司产品一举摘得“产品好评度第一”“质量认可度第一”“品牌健康度第一”等多项殊荣。诸多白酒专家常用“时代新国酒、绵柔梦之蓝”“绵柔鼻祖”等称誉来赞扬洋河绵柔品质为中国绵柔型白酒所做出的巨大贡献。

五、剑南春

剑南春产于四川省绵竹县，是中国名酒、中国驰名商标、中华老字号。公司全称为四川剑南春集团有限公司。

（一）剑南春酒的起源

四川的绵竹县素有“酒乡”之称，已有两千四百多年的酿酒史，因产竹、产酒而得名。剑南春其前身当推唐代名酒剑南烧春。唐宪宗后期，李肇在《唐国史补》中，就将剑南烧春列为当时天下的十三种名酒之一。剑南烧春为皇族贡品，有“剑南贡酒”之名。

剑南烧春的传统酿造技艺在清康熙年间得到了进一步发展。陕西三原县人朱煜，因见绵竹水好，移居至此，办起了最早的曲酒作坊，名“朱天益酢坊”。据《绵竹县志》记载，当时的绵竹大曲达到了“味醇香，色味白，状若清露”的美妙境地。1922年绵竹大曲获四川省劝业会一等奖，1928年获四川省国货展览会奖章及奖状，声名鼎盛，行销各地，时人赞有“十里闻香绵竹酒，天下何人不识君”的雅誉。1941 年，酒坊有 200 多家，产酒 200 万公斤。享有盛誉的大曲烧房有乾元泰、大道生、瑞昌新、义全和、恒丰泰、天成祥、朱天益、杨恒顺等 38 家，拥有酒窖 200 个。小曲烧房有 100 余家，其中以第一春、曲江春、永生春、德永春等作坊著称。1951 年在朱天益等烧房基础上建成绵竹酒厂。因绵竹在唐代属剑南道，故称“剑南春”。北宋苏轼称赞这种酒“三日开翁香满域”“甘露微浊醍醐清”，其酒之闻名可见一斑。

（二）剑南春酒的酿制

剑南春传承了绵竹几千年酿酒历史时空中沉淀的技艺精华，是巴蜀文化的重要组成部分。剑南春以高粱、大米、糯米、小麦、玉米“五粮”为原料。这些原料产自川西千里沃野，饮山泉，沐霜雪，上得四时造化之美，下汲神景地府之精。千年酿酒秘技精工锤炼，荟萃五粮精华，玉液澜波，香思刻骨。其工艺有：红糟盖顶，回沙发酵，去头斩尾，清蒸熟糠，低温发酵，双轮底发酵等，配料合理，操作精细。

剑南春的酿酒用水全部取自城西的中国名泉——玉妃泉，该泉经国家地矿专家鉴定：低钠无杂质，富含硅、锶等有益人体的微量元素和矿物质，可与崂山矿泉水媲美，故一致定为“中国名泉”。冰晶沁谧的玉妃泉水，涅盘成香浓清灵的剑南春酒，陈香幽雅，饮之如珠玑在喉；甘润飘逸，闻之似幽香刻骨，青出于蓝，自然历久弥新。水乃酒之血，酒之品秩高下，结穴在水。

曲药，古称“酴”，乃酒之魂，《说文》注：“此亦训酒母，则今之酵也”。剑南春使用的曲，是采用千百年积累的传统工艺措施，并结合现代科学手段而成的独特品种，依靠这种天然微生物接种制作的大曲药，不仅能保证产量，更重要的是保证酿制过程中各种复杂香味物质的生化合成。在用曲之道上，剑南春融汇众长，反复锤炼，其酿制之酒，得曲之神韵，如丝如缎，饮之可抵十年尘梦。

剑南春酒用小麦制曲，泥窖固态低温发酵，采用续糟配料，混蒸混烧，量质摘酒，原度贮存等，精心勾兑调味等工艺成型，具有芳香浓郁、纯正典雅、醇厚绵柔、甘洌净爽、余香悠长、香味协调、酒体丰满圆润、典型独特的风格。

剑南春酒的传统酿造技艺是中国浓香型白酒的典型代表，因承载于具有“活文物”特性的剑南春“天益老号”酒坊及酒坊遗址而具有唯一性。它更是大曲酒酿造技艺精华的沉淀与发扬，是绵竹酒业在不断发展之后凝结成的代表作品。

（三）剑南春酒的特点

剑南春酒质无色，清澈透明，芳香浓郁，酒味醇厚，醇和回甜，酒体丰满，香味协调，恰到好处，清洌净爽，余香悠长。酒度分 28 度、38 度、52 度、60 度。剑南春酒问世后，质量不断提高，在 1979 年第三次全国评酒会上，首次被评为国家名酒。相传李白为喝此美酒曾把裘衣卖掉，买酒痛饮，留下“士解金貂”“解貂赎酒”的佳话。连李白都爱得欲罢不能的酒会差吗?

六、古井贡酒

古井贡酒是中国名酒，中国驰名商标，安徽省著名商标。公司为上市公司，全称为安徽古井贡酒股份有限公司。古井贡酒是亳州的传统名酒，产自安徽省亳州市，属于亳州地区特产的大曲浓香型白酒。古井贡酒四次蝉联全国白酒评比金奖，是巴黎第十三届国际食品博览会上唯一获金奖的中国名酒，先后获得中国驰名商标、中国原产地域保护产品、国家文物保护单位、国家非物质文化遗产保护项目等荣誉，被称为中国八大名酒之一，有“酒中牡丹”之美誉。

（一）古井贡酒的起源

古井贡酒具有 1 800 多年的酒文化历史。南北朝时，在亳州的减店集，人们发现有一口古井，井水清洌甜美，用此井水酿酒、泡茶，回味无穷。相传，有个将军因作战失利，临死前将所用的兵器投入井里，谁知此后井水比先前更清淳透明，爽口润喉，用此井水所酿之酒，十里飘香。古井因此名声大噪，被称为“天下名井”。据《魏武集》载，曹操曾向汉献帝上表献过“九酝酒法”，说：“臣县故令南阳郭芝，有九酝春酒……今仅上献。”“贡酒”因此而得名。

（二）古井贡酒的酿制

古井贡酒采用古井镇的优质地下水，并在亳州市古井镇特定区域内，利用其自然微生物环境，按古井贡酒传统工艺生产而成。古井贡酒以安徽淮北平原优质高粱作原料，以大麦、小麦、豌豆制曲，沿用陈年老发酵池，继承了混蒸、连续发酵工艺，并运用现代酿酒方法，加以改进，博采众长，形成自己的独特工艺，酿出了风格独特的酒。

（三）古井贡酒的特点

古井贡酒中的呈香、呈味的酯类物质，在种类和含量上普遍多于其他浓香型大曲酒。通过目前的定量分析，古井贡酒含有 80 多种香味物质，比其他浓香型酒多 15~30 种，并且这些香味物质的含量是其他浓香型酒的 2~3 倍。同时，古井贡酒中还有一个完整的有机酸丙酯系列，这是其他浓香型大曲酒所没有的。

古井贡酒属于浓香型白酒，具有“色清如水晶，香纯如幽兰，入口甘美醇和，黏稠挂杯，余香悠长，回味经久不息”的特点，酒度分为 38 度、55 度、60 度三种。最近几年古井贡酒的口感质量又有了很大提升，特别是古井贡酒 · 年份原浆，因其“桃花曲、无极水、九酝酒法、明代窖池”的优良品质被安徽省委省政府指定为接待专用酒，并获选 2009 年全国“两会”政协宴会用高档白酒，得到了消费者的一致认可。

董酒产于贵州遵义董公寺镇，往北 40 公里是著名天险“娄山关”。公司全称为贵州振业董酒股份有限公司。值得一提的是，董酒在全国评酒会上四次蝉联国家名酒称号及金质奖。

（一）董酒的起源

董酒秉承“药食同源”“酒药同源”的人类酿酒起源的脉络，其酿造历史可以追溯到远古时期，盛于魏晋南北朝时期，具有亘古千年的历史。

董公寺一带气候稳定，冬无严寒，夏无酷暑，田地肥沃，绿树成阴，清泉漫流，环境幽静，很适宜酿造类微生物的生长繁殖，是一个酿酒历史悠久的地方。抗日战争时期，浙江大学西迁遵义。教授们为实地了解民情而来到董公寺，在了解董酒的酿造工艺和配方，品饮董酒（当时叫“程家窖酒”）后赞不绝口。

教授们认为，此酒用了一百多种纯天然中草药参与制曲，是百草之酒。而董公寺的“董”字由“艹”和“重”组成，“艹”与“草”同意，“重”为数量多之意，故“董”字寓意“百草”。同时此酒产于极其适合酿造美酒之地，

加上独特的酿造工艺、制曲配方和香味成分，充分体现了天人合一、和谐共生的思想，使其成为最正的酒。“董”字在《楚辞 · 涉江》之“余将董道而不豫兮”中，其义正也、威也，有正宗、正统、正派、正根、威严、威重之意。“董”字本身的文化内涵，董酒的文化内涵，加上此酒的产地董公寺，三者具有传奇般的巧合。随即，教授们提议将“程家窖酒”命名为“董酒”，希望董酒继续秉承“药食同源”“酒药同源”的人类酿酒真谛。传承发扬“百草之酒”。从此，董酒命名开来，蜚声大江南北。

（二）董酒的酿制

董酒的产地遵义，地处低纬高原、冬无严寒、夏无酷暑、植被茂密、泉水甘醇，适宜酿酒。在魏晋南北朝时代，这里就以酿有“咂酒”而闻名。《峒溪纤志》载：“咂酒一名钓藤酒，以米、杂草子为之以火酿成，不刍不酢，以藤吸取。”到元末明初时出现“烧酒”。民间有酿制饮用时令酒的风俗，《贵州通志》载：“遵义府，五月五日饮雄黄酒、菖蒲酒。九月九日煮蜀穄为咂酒，谓重阳酒，对年饮之，味绝香。”可见，董酒正是传承了酒的根、中国白酒的真谛和酒文化的灵魂——“药食同源”“酒药同源”，在制曲过程中加入 130 多种纯天然草本植物，赋予了董酒固本、调整阴阳、活血、益神、提气等养生功效，酿造出风味独特的“本草之酒”“百草之酒”。

董酒采用优质高粱为原料，小曲小窖制取酒醅，大曲大窖制取香醅，酒醅香醅串蒸而成。其工艺简称为“两小，两大，双醅串蒸”。其将大曲酒和小曲酒融合在一起的生产工艺和配方曾三次被国家权威部门列为“国家机密”，国密董酒由此得名。中国白酒文化源远流长，作为老牌高端酒，坚持采用原始国家保密配方和工艺，依然在老酒窖里用传统酿造方法造酒，而且是纯粮食酿造，好喝不上头，又因拒绝勾兑，所以出酒周期特别长，出酒极慢，产量也极低，因此每一滴都显得尤其珍贵，只有细细品享，才不辜负董酒对传统白酒的一番尊重。

（三）董酒的特点

董酒无色，清澈透明，香气幽雅舒适，既有大曲酒的浓郁芳香，又有小曲酒的柔绵、醇和、回甜，还有淡雅舒适的药香和爽口的微酸，入口醇而浓郁，饮后不干、不燥、不烧心、不上头、余味绵绵，被人们誉为其他香型白酒中独树一帜的“董香型”典型代表。细品董酒的风格独特之处，更能让人感到饮用董酒是一种高尚的享受。董酒的态度是，白酒贵在“品”，在“感受”酒的醇香和酒的文化，而不是一味地买醉。科学饮酒，可以起到疏通经络、宣通气血、扶正祛邪的作用，从而达到调整机体平衡功能的目的。国学大师饶宗颐及中国武侠文坛泰斗金庸先生品鉴董酒后，均赞许有加。金庸先生还专门为董酒题了词:“千载佳酿，绝密配方，贵州董酒，中国名酿。”

八、西凤酒

西凤酒产于陕西省凤翔县柳林镇西凤酒厂，是中国最古老的历史名酒之一，曾四次被评为国家名酒。西凤酒是中国驰名商标，中华老字号，最具增长潜力白酒品牌。公司全称为陕西西凤酒股份有限公司。

（一）西凤酒的起源

西凤酒始于殷商，盛于唐宋，已有三千余年的酿造历史。西凤酒原产于陕西省宝鸡、（西府）凤翔、岐山、眉县一带，唯以凤翔所生产的酒为最佳，声誉最高。这里地域辽阔，土肥物阜，水质甘美，颇具得天独厚的兴农酿酒之地利，是中国著名的酒乡。

在唐代，凤翔是西府台的所在地，人称西府凤翔。唐仪凤年间的一个阳春三月，吏部侍郎裴行俭护送波斯王子回国，途中行至凤翔县城以西的亭子头村附近，发现柳林镇窖藏陈酒香气将五里地外亭子头的蜜蜂、蝴蝶醉倒的奇景，即兴吟诗赞叹曰：“送客亭子头，蜂醉蝶不舞，三阳开国泰，美哉柳林酒。”此后，柳林酒因“甘泉佳酿、清洌醇馥”的盛名被列为朝廷贡品。据史载，此酒在唐代即因“醇香典雅，甘润挺爽，诸味协调，尾净悠长”被列为珍品。

在宋代，苏轼任职凤翔时，酷爱此酒，曾用“花开酒美曷不醉，来看南山冷翠微”的佳句来盛赞柳林酒。

到了近代，柳林酒改名为西凤酒。

（二）西凤酒的酿制

西凤酒的产地凤翔县柳林镇，水质甘美，有利于制酒曲酶的糖化；土质肥沃，适用于作发酵窖泥；日照充足，昼夜温差大，温带半干旱气候，可提供优质的酿酒原料，也使这一区域形成了特有的酿酒所必需的微生物菌群。

西凤酒以当地特产高粱为原料，用大麦、豌豆制曲。工艺采用续渣发酵法，发酵窖分为明窖与暗窖两种。工艺流程分为立窖、破窖、顶窖、圆窖、插窖和挑窖等工序，有一套独特的操作方法。蒸馏得酒后，再经 3 年以上的贮存，然后进行精心勾兑，方才出厂。

（三）西凤酒的特点

西凤酒属其他香型（凤香型），是“凤香型”白酒的典型代表。西凤酒为适应各地不同消费者的需要，推出了 33 度、38 度、39 度、42 度、45 度、48 度、50 度、55 度、65 度等多种度数系列酒。酒液无色，清澈透明，清芳甘润、细致，入口甜润、醇厚、丰满，有水果香，尾净味长，集清香、浓香之优点于一体，风格独特，被誉为“酸、甜、苦、辣、香五味俱全而各不出头”，也呈现出复合香型的特点。有言曰：“喝酒当喝西凤酒。”西凤酒为喜饮烈性酒者所钟爱。

九、泸州老窖

泸州老窖源于公元 1573 年，是国家级非物质文化遗产，中国名酒，中国驰名商标，中华老字号，由四川泸州老窖股份有限公司生产。

（一）泸州老窖的起源

根据在泸州出土的文物来考察，泸州酒史可追溯到秦汉时期，这可从泸州出土的汉代陶角酒杯、汉代饮酒陶俑以及汉代画像石棺上的巫术祈祷图上得到证明。

在宋代，泸州以盛产糯米、高粱、玉米著称于世，酿酒原料十分丰富，据《宋史食货志》记载，宋代也出现了“大酒”“小酒”之分。这种酒，当年酿制，无需（也不便）贮存。所谓“大酒”，就是一种蒸馏酒，从《酒史》的记载可以知道，大酒是经过腊月下料，采取蒸馏工艺，从糊化后的高粱酒糟中烤制出来的酒。而且，经过“酿”“蒸”出来的白酒，还要贮存半年，待其自然醇化老熟，方可出售，即史称“侯夏而出”，这种施曲蒸酿、贮存醇化的“大酒”在原料的选用、工艺的操作、发酵方式以及酒的品质方面都已经与泸州浓香型曲酒非常接近，可以说是今日泸州老窖大曲酒的前身。

宋代的泸州设了六个收税的“商务”机关，其中一个即是征收酒税的“酒务”。元、明时期泸州大曲酒已正式成型。据清《阅微堂杂记》记载，元代泰定元年（公元 1324 年），泸州就酿制出了第一代泸州老窖大曲酒。明代洪熙元年（公元 1425 年），施进章研究了窖藏酿酒。现在有据可考的明代万历年间的舒聚源作坊窖池，距今也有 400 多年的历史，它就是利用前期以酒培植窖泥，后期以窖泥养酒的相辅相成的关系，使微生物通过酒糟层层窜入酒体中，从而酿造出净爽、甘甜、醇厚、丰满的泸州老窖酒的。保存下来的窖池即是现在尚在使用的泸州老窖明代老窖池。

（二）泸州老窖的酿制

泸州老窖窖池于 1996 年被国务院确定为我国白酒行业唯一的全国重点保护文物，誉为“国宝窖池”。泸州老窖国宝酒是经国宝窖池精心酿制而成，是质量上乘的浓香型白酒，属于有代表性的品牌，在广大消费者的心目中，是美酒的代名词。

泸州气候温和，能孕育出有地域独特性的农作物及微生物类群，对于主要以泸州本地软质小麦作原料的曲药和以泸州本地糯红高粱为原料的泸州老窖酒的生产有着显著的影响。

泸州老窖的酿造用水，历史上取用龙泉井水，经专家化验分析，此水无臭、微甜、呈弱酸性、度适宜，能促进酵母的繁殖，有利于糖化和发酵。大生产酿酒采用长江水，且经自来水厂处理后水质更加优异，水中富含钙、镁等微量元素。水质呈弱酸性，硬度适宜，对霉菌、酵母菌生长繁殖和酶代谢起到了良好的促进作用，特别是能促进酶解反应，是大曲酒酿造的优质水源。

泸州老窖酒的酿造技艺发源于古江阳，是在秦汉以来的川南酒业这一特定历史时空下，逐渐孕育，兴于唐宋，并在元、明、清三代得以创制、定型及成熟的。两千年来，泸州老窖世代相传，形成了独特的、举世无双的酒文化。

泸州老窖酒是以泥窖为发酵容器，中高温曲为产酒、生香剂，高粱等粮食为酿酒原料，开放式操作生产，多菌密闭共酵，续糟配料循环，常压固态甑桶蒸馏、精心陈酿勾兑等工艺酿制的白酒，以己酸乙醋为主体香味物质。“泸州老窖酒传统酿造技艺”包括大曲制造、原酒酿造、原酒陈酿、勾兑尝评等多方面技艺。

（三）泸州老窖的特点

泸州老窖开放式操作的工艺特点铸就了其制曲和酿酒微生物的纷繁复杂以及发酵的多途径香味物质代谢，孕育了泸州老窖酒特有的丰富的呈香、呈味物质，虽其总量仅占酒体总量的 2% 左右，但其成分中能够定量或定性的香味成分就已达 360 余种，还有许许多多微量的呈香、呈味物质没有被认识，就是这些品类繁多的呈香、呈味物质，共同营造出"国窖 1573""无色透明、窖香幽雅、绵甜爽净、柔和协调、尾净香长、风格典型"之风格特点和泸州老窖特曲（原泸州大曲酒）"窖香浓郁、饮后尤香、清洌甘爽、回味悠长"之浓香正宗。泸州老窖具有浓香、醇和、味甜、回味长的四大特色，酒度有 38 度、52 度、60 度等。开瓶拔塞以后，此酒芬芳飘逸，轻咽慢品，韵味无穷，饮后余香经久不绝，嗝噎回味，浓香犹存，不容易上头，尤其是饮后的回味有一股特殊的水果香气，使人感到心情愉快。

泸州老窖作为大曲酒的发源地、中国最古老的四大名酒、浓香型大曲酒的典型代表，被尊为"酒中泰斗、浓香正宗"，浓香型大曲酒亦称泸型酒，其 1573 国宝窖池作为行业唯一的"活文物"，于 1996 年被国务院认证为"全国重点文物保护单位""国窖 1573"因此成为中国白酒鉴赏标准级酒品。

十、全兴大曲

全兴牌全兴大曲酒是四川省成都全兴酒厂的产品，于 1959 年被命名为四川省名酒；1958 年、1989 年获商业部优质产品称号及金爵奖；1963 年、1984 年、1988 年在全国第二、四、五届评酒会上荣获国家名酒称号及金质奖；1988 年获香港第六届国际食品展金钟奖。

（一）全兴大曲的起源

成都全兴大曲的前身是成都府大曲，据史料记载，起源于清代乾隆年间，距今已有 200 多年的历史。当时就以酒香醇甜、爽口尾净而远近传闻，畅销各地。

200多年前，相传有一户王姓人家，三代人经营酿酒，于乾隆51年（公元1786年）选中成都锦江河畔大佛寺所在的水井街开始创业。相传大佛寺地下有个海眼，挑动海眼，成都就会变成汪洋大海。为了避免水灾，人们集资建寺，并塑造了一座全身大佛，镇于海眼之上。这座佛像，比成都其他寺院供奉的佛像更受信徒们敬仰，因此香火很盛。富贵之家常常在望江楼设宴欢歌，一般平民也会在冷香酒店随意小饮一番，这里确实是酿酒沽卖的“风水宝地”。王氏兄弟便在此建号，倒用“全身佛”三字谐音，取名“福升全”（佛身全）。

随着福升全老号的不断发展壮大，因街坊狭窄，福升全老址已不适应扩大经营的需要。1824年，老板在城内暑袜街寻得地址，建立了新号。为求吉祥，光大老号传统，决定采用老号的尾字作新号的首字，更名为“全兴成”，用以象征其事业延绵不断，兴旺发达。“全兴成”建号后，继承福升全的优良传统，普采名酒之长，秉承“窖池是前提，母糟是基础，操作是关键”的宗旨，对原来的薛涛酒（全兴大曲的前身）进行加工，创出的新酿统称全兴酒。这酒窖香浓郁，雅倩隽永，加之暑袜街市场环境更好，全兴酒的销量和名气一下子远远超过以前的薛涛酒。数年之间，全兴酒名噪川内外，“全兴成”门前熙熙攘攘的场面，简直到了令市内同行眼红的地步，更有许多有关“全兴成”和全兴酒的奇闻轶事在蓉城广为流传。

（二）全兴大曲的酿制

全兴大曲以高粱为原料，以小麦制的高温大曲为糖化发酵剂，采用传统老窖分层堆糟法工艺，经陈年老窖发酵，窖熟糟香，酯化充分，续糟润粮，翻沙发酵，混蒸混入，掐头去尾，中温流酒，量质摘酒，分坛贮存，精心勾兑等工序酿成。发酿期60天，面醅部分所蒸馏之酒，因质差另作处理，用作填充料的谷壳，也要充分进行清蒸。蒸酒要掐头去尾，中流酒也要经鉴定、验质、贮存、勾兑后，才包装出厂。

全兴大曲的酒艺是在古蜀国年酿酒传统的基础上不断发展而来的，其传统酿造技艺可总结为四个字“火、水、曲、人”。火为酒之髓，即酿造发酵要掌握适当火候。全兴大曲的一套百年相传的火候口诀，现在看来仍十分符合科学规律。水为酒之精，即恰当掌握酿酒用水的水质、水温和水量。全兴烧坊专设“水谱”，并将酿酒用水细分为类，即量水、黄水、冷却水、底锅水、加浆水。曲是酒之神，全兴酒曲皮薄心实、香味扑鼻，有“无全兴曲就无全兴酒”之说。人为酒之魂，全兴烧坊的操作人员凭借自己独到的体会和技艺掌握配料工序，“稳、准、细、净”四字生动地表达了全兴人对酒质的特殊感受能力和酿酒技巧。

（三）全兴大曲的特点

全兴大曲的酒质无色透明，清澈晶莹，窖香浓郁，醇和协调，绵甜甘洌，入口清香醇柔，爽净回甜。其酒香醇和，味净尤为突出，既有浓香型大曲酒的风味，又有其独特的风格。酒度分 38 度、52 度、60 度等。

十一、双沟大曲

江苏双沟酒业股份有限公司坐落在淮河与洪泽湖环抱的千年古镇——双沟镇。双沟大曲在历届全国评酒会上，均被评为国家名酒，荣获金质奖。双沟集团在 1999 年被评为“全国精神文明建设先进单位”，2000 年又被评为“全国质量管理先进单位”，2001 年荣获“中国十大文化名酒”称号，在全国同行业中首批通过国家方圆标志认证和质量体系认证。

（一）双沟大曲的起源

双沟的酿酒历史悠久。1977 年在双沟附近的下草湾出土的古猿人化石，经中国科学院古生物研究所的专家考证后，被命名为“醉猿化石”。科学家们推断，1 000 多万年前在双沟地区的亚热带原始森林中生活的古猿人，因为吞食了经自然发酵的野果液后醉倒不醒，成了千万年后的化石。此一论断，已被收入中国现代大百科全书。为了充分发掘双沟作为中国酒源头的内涵，2001 年，中科院的考古专家们第二次对双沟地区进行了更为详细的科考，结果发现早在

1 000 多万年前，双沟地区就有古生物群繁衍生息。据此，中科院古脊椎动物与古人类研究所研究员尤玉柱、徐钦琦、计宏祥三位著名学者联手撰写了《双沟醉猿》，并在海内外发行。

双沟镇独特的地理环境，铸就了悠久的双沟酿酒历史，据《泗虹合志》记载，双沟酒业始创于 1732 年（清雍正十年），距今已有近 300 年的历史。久远的历史长河中，双沟酒业积淀着深厚的文化底蕴。在民间流传着许多关于双沟美酒的美丽传说，最广为流传的有《曲哥酒妹》《神曲酒母传奇》等。古今文人墨客、学者、名人等也都为双沟酒留下了动人的诗篇，如宋代的苏东坡、欧阳修、杨万里、范成大等，明代的黄九烟，当代的陈毅父子、叶圣陶、陆文夫、陈登科、茹志娟、绿原、邹荻帆等，在这些美好诗篇里，双沟美酒香透了千百年来的每一个日子。

（二）双沟大曲的酿制

双沟大曲酒属浓香型传统蒸馏酒，产于江苏省宿迁市泗洪县双沟镇，该镇位于淮河与洪泽湖交汇之滨，空气温润，五谷丰盛，水质清洌甘美，土壤为酸性黄黏土，微生物种群丰富，十分适宜酿酒。

双沟大曲酒的酿造技艺源远流长，兴于隋唐，盛于明清。酿酒经验靠师徒传承，口传心授，代代相传，是研究民间蒸馏酒发展史的重要史料。经过多代人不懈努力，双沟大曲酒的酿造技艺得到了很好的传承与发展，工序达 200 余道。以优质小麦、大麦、豌豆为制曲原料，人工踩曲，形状如砖，重于曲坯排列，工艺严谨。以优质红高粱为酿酒原料，高温大曲为糖化发酵剂，地穴式泥筑老窖池为发酵容器，采用固态低温缓慢长期发酵、续渣配料、混蒸混烧、缓气蒸馏、量质分段摘酒的传统“老五甑”工艺，操作遵循“稳、准、细、净、均、透、适、勤、低、严”十字诀，原酒经分级贮存老熟、精心勾兑、包装、检验合格后出厂。

（三）双沟大曲的特点

双沟被誉为中国酒源头。双沟大曲素以色清透明、酒香浓郁、风味纯正、绵甜爽净、香味协调、酒体醇厚、尾净余长等特点而著称，是名扬天下的江淮派（苏、鲁、皖、豫）浓香型白酒的卓越代表“三沟一河”——即双沟酒、汤沟酒、高沟酒、洋河酒之一。

苏酒系列是中国名酒厂——江苏双沟酒业股份团有限公司运用我国传统白酒生产工艺和最新科研成果精心酿造、精心勾兑而成的高档浓香型大曲酒，该酒在原双沟大曲窖香浓郁、绵甜甘洌、香味协调、尾尽余长的基础上，香更浓、味更纯、酒体更丰满，充分体现了现今我国浓香型大曲酒的最高水平。

十二、特制黄鹤楼酒

特制黄鹤楼酒是酒中翘楚，产于湖北省武汉市黄鹤楼酒业有限公司，其前身是被各种荣誉环绕的“汉汾酒”。1929 年“汉汾酒”就在中华国货展览会上获一等奖。2006 年 1 月，黄鹤楼酒获得中国食品工业协会、白酒专业委员会授予的“纯粮固态发酵白酒”标志证书，成为湖北省第一个获得此殊荣的白酒，当仁不让地成为了湖北白酒的旗帜品牌，并在全国第四、五届评酒会上，两次被评为国家名酒。2011 年，黄鹤楼酒被国家商务部认定为“中华老字号”。

（一）黄鹤楼酒的起源

巍峨耸立于武昌蛇山的黄鹤楼，享有“天下绝景”的盛誉，与湖南岳阳楼、江西滕王阁并称为“江南三大名楼”。黄鹤楼因酒而生，因酒而美。楼因酒而兴建，酒因楼而闻名。

黄鹤楼酒源自一个美丽的传说。据南宋《述异记》记载：黄鹤楼原名辛氏楼，相传一个姓辛的人在黄鹄矶这个美不胜收的地方，开了个小酒馆。他心地善良，生意做得很好。一天，辛氏热情招待了一个身着褴褛道袍的道人，分文未收，而且一连几天都是如此。有一天，道人喝了酒，兴致很高，便在墙上画了一只黄鹤，尔后两手一拍，黄鹤竟然有了生命，飞到酒桌旁展翅起舞，道人便对辛氏说，画只黄鹤是替其招揽生意，跳舞助兴，以报辛氏款待之情。人们听此事后，纷纷结伴而来，到辛氏酒馆饮酒观鹤。

这样，酒馆总是门庭若市，钱也越赚越多。一连 10 年，辛氏发了大财，他就用 10 年赚下的银两在黄鹄矶上建造了一座楼阁，以纪念好心的道人和神奇的黄鹤。起初人们称之为“辛氏楼”，后来想到其纪念意义，便把那道人供奉在楼里，改称“黄鹤楼”。

（二）黄鹤楼酒的酿制

黄鹤楼酒选取鄂西高粱、京山大米、孝感糯米、襄阳小麦和咸宁玉米作为原料，这些原料都是湖北地区最优质的地方特产。以大麦、豌豆制大曲作为糖化发酵剂，地缸发酵，经蒸馏、分级贮存、勾兑而成。这期间，对每一个环节都严格把关，酿酒原粮从种子到成为合格的酿酒原料要经过 100 道工序，优选原粮到酿成原酒要经过 128 道工序，原酒从洞藏的陶坛中到达消费者餐桌上要经过 80 多道工序。

黄鹤楼酒注重在传承传统酿造工艺基础上进行创新，引入全国领先的白酒高科技冷冻过滤设备，通过冷冻把酒体温度从 22° 降至零下 12° ，再将硅藻土作为过滤介质，经过粗滤、精滤，除去白酒中的正丙醇、油酸乙酯等杂醇杂酯，大大减少对人体有害的物质，解决了喝酒上头的问题。

黄鹤楼酒注重利用文化助推产业升级。其位于武汉的黄鹤楼酒厂区，将中国传统清代建筑风格与现代简约设计相结合，拥有酒文化景观、酒文化博物馆、天成坊酿酒车间、包装车间、高端酒窖，打造了酒文化游园与酿酒体验为一体的体验式酒庄。

黄鹤楼酒的咸宁厂区坐落于神奇的“北纬 30 度世界名酒带”上，这里也属于长江流域最大的“多湖湿地”范围，被千余亩山林、湖泊环抱，自然天成。这里的水清凉、甘甜、爽口，富含锶、碘、溴、锗等多种微量元素。丰富的水资源造就了这里高达 52.3% 森林覆盖率，天然造就了酿酒微生物繁衍生息、孕育自然之香的绝佳生态环境。白酒的口感在于“诸味协调”，而微生物正是决定白酒“诸味协调”的重要元素。咸宁的黄鹤楼森林美酒小镇被评为“国家 4A 级景区”，是全国唯一一个厂区内拥有森林、湖泊、山地等自然资源和独特洞藏洞酿环境的美酒生产基地。该基地分为生态园区、酿艺区、体验区，以国际最先进的生产设备、独一无二的位差自流技术、全国首创洞酿工艺，以及独特的自然环境和水质，造就了黄鹤楼酒的独特品质。

（三）黄鹤楼酒的特点

黄鹤楼酒具有清澈透明、清香纯正、入口醇和、香味协调、后味爽净的风格。产品既有清香型白酒，也有浓香型白酒。主要产品有陈香系列、生态原浆系列、黄鹤楼系列、小黄鹤楼系列，酒度有 62° 、54° 、39° 等。其中核心产品黄鹤楼酒 · 陈香系列，是消费市场的领军品牌；小黄鹤楼，作为湖北名酒类品牌，远销海外。陈香系列酒将川派白酒的香气浓郁和苏鲁皖豫白酒的口感绵柔进行了完美的结合，这种独特的酒体个性和工艺特点在中国白酒行业是比较特别的。黄鹤楼酒 · 陈香 1979 和陈香 1989 两款酒均为 42° 的浓香型白酒，口感上香气优雅、入口绵柔、丰满爽净。

中国白酒酿造工艺独特而复杂，代表着对品质的极致追求。在黄鹤楼酒业，国家一级品酒师李久洪练就了“金舌头”，每天至少要尝 800 多种不同味道的酒，耐心与专注是他常年的工作状态，他坦言：“心酿方能成佳酿，静下心才能达到‘人酒合一’的最高境界，让酒更上一层楼。”

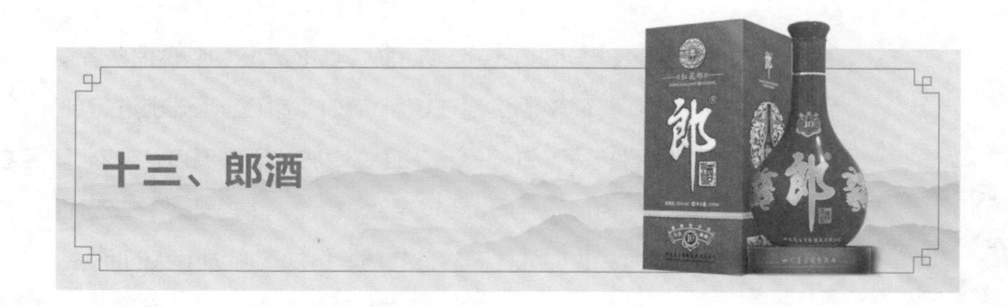

十三、郎酒

郎酒，原名回沙郎酒，始于 1903 年，是中国驰名商标、中华老字号，中国 500 最具价值品牌，四川名牌，公司全称为四川郎酒集团有限责任公司。“神采飞扬中国郎”，作为一家可以同时生产酱香、浓香、兼香的名酒厂家，郎酒成就了“一树三花”的美誉。

（一）郎酒的起源

郎酒的酿造历史悠久，自西汉的“枸酱”以来已有千年，现代工厂是在清末的“絮志酒厂”酿酒作坊的基础上发展起来的。古蔺郎酒的正宗产地是古蔺县二郎滩镇。此镇地处赤水河中游，四周崇山峻岭，在高山深谷之中有一清泉流出，泉水清澈，味甜，人们称之为“郎泉”。因取郎泉之水酿酒，故酒得名“郎酒”。据有关资料记载，清朝末年，当地百姓发现郎泉水适宜酿酒，开始以小曲酿制出小曲酒和香花酒，供应当地居民饮用。1932 年，由小曲改用大曲酿酒，取名“回沙郎酒”，酒质尤佳。从此，郎酒的名声越来越大，声誉也越来越高。

（二）郎酒的酿制

郎酒用优质郎泉水酿制而成，产于四川省古蔺县郎酒厂。郎酒也是国家名酒，工艺与茅台酒相似，但又有自己的独到之处。

酒曲又被形象地称作“酒母”，是酿酒发酵的引子和关键。郎酒根据自身的工艺特点，选取的是川南亚热带湿润气候下特有的小麦品种。农历四月是郎酒酒曲原粮小麦成熟的时节，到了农历五月，新鲜小麦已完成收割并充分晒干。将新收割的小麦进行润粮、磨碎后，放进湿热的制曲厂房内，工人们一边谈笑风生一边用灵巧的双脚在木框上踩着酒曲，不到两分钟的时间，一块呈龟背状的酒曲坯就踩好了。经过 40 天的高温入仓发酵和 3 个月以上的贮存，制曲才能作为“酒母”进入酿造程序。从端午到重阳，郎酒人每年用近 6 个月的时间进行制曲。自重阳节开始，从仲秋一直到第二年初夏，整整 8 个月的时间，每一次的酒醅蒸煮、堆积和发酵，酒曲都参与其中，并发挥着至关重要的作用。

原粮与水源的质量，是郎酒酿造的最重要基础。郎酒对酿造原粮的选用非常讲究，一定要用本地产的高粱。这种高粱粒小、皮薄、淀粉含量高，经得起多次蒸煮。

每年 8~9 月，二郎镇漫山遍野的米红粱就到了成熟、收割的时候。赤水河地处北半球，每年 6~8 月气温最高，这也是赤水河的雨季，大量降雨致河水浑浊赤红（赤水河因此而得名），不利于酿酒。9 月开始，因夏季暴雨变得赤红的赤水河再一次变得清澈透亮。大自然用它自己的方式昭示我们，最佳的酿酒时节已经来临。

经过天宝洞、地宝洞 3 年的储藏之后，还需添加少量调味酒进行勾调。对组合勾兑好的基础酒进行精加工——调味，能起到画龙点睛的作用。这项工作对调酒师的要求非常高：必须在调味前熟悉掌握可使用的上千坛调味酒的风格特点，从而选择恰当的调味酒来调味。勾调完成后的酒，还需继续存放半年到一年才能进行灌装出厂。

目前郎酒的酱香原酒年产能达 3 万吨，优质酱香原酒储存量达 12 万吨。世界最大的天然储酒洞库——天宝洞，有“中国酒坛兵马俑”之称，2007 年被列入四川省文物保护单位；全国最大的天然储酒山谷——16 万吨天宝峰酒库，集储存、勾调等为一体，这些都是郎酒持续稳健发展的雄厚基础。

（三）郎酒的特点

郎酒的酒质红泽微黄，酒液清澈透明，以酱香浓郁、醇厚净爽、入口舒适、细腻幽雅、甜香满口、酒体丰满、回味绵长、空杯留香而著称，还兼有“饮时不辣喉、饮后不干口、不头痛”的独特风格。

十四、武陵酒

武陵酒产于湖南省常德市武陵酒厂，2005 年酒厂更名为湖南武陵酒有限公司。武陵酒是湖南省名酒，在全国第五届评酒会上荣获“中国名酒”称号，并获金质奖，1992 年在美国纽约首届国际白酒、葡萄酒、饮料博览会上荣获中国名优酒博览会金奖。

（一）武陵酒的起源

常德古称“武陵”，武陵人酿酒的历史源远流长。早在先秦时代，这里已有“元月元日饮春酒”的习俗。五代时，这里因崔氏酒家产的酒而闻名，有诗云：

"武陵城里崔家酒，地上应无天上有"。在宋代此地又酿有"白玉泉"酒，并因"武陵桃源酒"而闻名。现在的武陵酒，源自唐宋时期盛极一时的崔婆酒。1952 年，武陵酒厂的前身原常德市酒厂在据称有上千年历史的酿造崔婆酒的崔家旧酒坊上建成，并以古地名来命名所产之酒，谓之"武陵酒"。在 20 世纪 60 年代末，随着毛泽东主席两度回湖南常住，自各地来湖南的人数陡增。当时，作为接待专供的茅台酒，每年因只有 1000 斤配额供应湖南而供不应求。于是当时湖南省决定在当地酿造一款与茅台酒的口感、品质相当的接待专用酒。几经筛选，这一任务交给了武陵酒厂，因为武陵酒厂的自然环境、地理纬度与茅台酒厂非常接近，同时时任武陵酒厂厂长的鲍沛生与茅台酒厂的技术副厂长季克良是苏州轻工业学院的同班同学。1972 年鲍沛生带领工程师团队在学习传统酱香白酒酿造工艺的基础上，自主创新研制出了风格独特的幽雅酱香武陵酒。

（二）武陵酒的酿制

武陵酒以川南地区种植的糯红高粱为原料，继承传统工艺，用小麦制作高温曲，以石壁泥窖底作发酵池，一年为一个生产周期，全年分两次投粮、9 次蒸煮、8 次发酵、7 次取酒，以"四高两长"为生产工艺之精髓，采用固态发酵、固态蒸馏的生产方式，生产原酒按酱香、醇甜香和窖底香 3 种典型体和不同轮次酒分别长期贮存（3 年以上），而后精心勾调而成。

（三）武陵酒的特点

武陵酒的产品主要有酱香武陵酒——武陵上酱、武陵中酱、武陵少酱，浓香型武陵洞庭系列，兼香型武陵芙蓉国色系列，涵盖酱香、浓香、兼香三大领域。武陵酒酒液色泽微黄，酱香突出，幽雅细腻，口味醇厚而爽洌，后味干净而余味绵绵，饮后空杯留香持久，有 53 度、52 度、48 度、38 度等类型。

十五、宝丰酒

宝丰酒业所在地——平顶山市宝丰县，位于伏牛山区、豫西丘陵与黄淮平原过渡地带，北依汝河，南临沙河，西靠伏牛，东望黄淮。在气候上属北亚热带与暖温带，湿润地区向半湿润地区过渡地带，水热条件比较好。宝丰酒是河南省唯一的清香型白酒品牌，有着中国名酒的优秀品质和 4000 多年的悠久历史。1999 年，39 度、46 度宝丰酒均获中华人民共和国国家标准样品酒称号；2002 年，宝丰酒荣获国家原产地标记保护注册认证和国际地理标志产品；2007 年，宝丰酒酿造工艺被列入河南首批非物质文化遗产保护名录；宝丰酒业为中华名特优产品指定供货单位。宝丰酒在全国第三届、第四届白酒评比中，蝉联两届国优，获国家银质奖；在全国第五届白酒评比中，荣获国家金质奖，晋升 17 大中国名酒之列。

（一）宝丰酒的起源

宝丰历史悠久，物华天宝，人杰地灵。西依伏牛，东瞰平原，沙河润其南，汝水藩其北，菽麦盈野，地涌甘泉，为中州灵秀之地。追溯宝丰的酿酒起源，有历史依据的是仪狄造酒。仪狄，被称为中国的造酒鼻祖。在史籍中，有多处仪狄造酒的记载。《战国策·魏策》载：昔者，帝女令仪狄作酒而美进之禹，禹饮而甘之；《酒经》载：仪狄作酒醪。因此，夏禹时期的仪狄酿酒，距今有 4000 多年的历史。《吕氏春秋》载：仪狄始作酒醪，变五味，于汝海之南，应邑之野。古时汝河流经汝州的一段称为汝海，汝海之南就是汝河之南，宝丰就在汝河的南岸。“汝海之南，应邑之野”应该就是现在的宝丰地区。宝丰商周时为应国属地，古应国遗址在今宝丰县城东南 10 公里处，为河南省文物保护单位。在古应国遗址上先后发掘墓葬 100 余处，出土文物 10000 余件，其中酒具酒器就有 3000 多件。从质地上分，有铜、石、陶、玉、骨、玛瑙、绿松石等；从用途上分，有杯、盅、壶等。其中最珍贵的一组文物是“提梁卣”“蟠龙纹香”“耳环”“铜方壶”“应伯壶”和“铜爵”等。从爵内的大篆铭文上可以看出宝丰酒业历史之悠久、规模之宏大。

据《宝丰县志》记载：北宋时，汝州有十酒务，仅宝丰就有商酒务、封家庄、

父城、曹村、守稠桑、宋村七酒务。酒务是宋朝官方专门经营酒的地方，年收税万贯以上。当时宝丰“万家立灶，千村飘香”“烟囱如林，酒旗似蓑”。宝丰酒业的繁荣昌盛惊动了朝廷，宋神宗钦派大理学家程颢监酒宝丰，治双酒务，并广传宝丰酒法使其受益天下，双酒务在今宝丰县城西北 25 里处，现名为商酒镇。金朝时，宝丰酒业兴盛不衰，资产万贯以上的作坊 100 余家，贩粮售酒者如流，监酒官有镇国上将军、忠校尉、忠显昭信尉等 16 人。据《宝丰县志》记载：金朝正大之年，收酒税四万五千贯，居全国各县之首。

1948 年，宝丰县人民政府恢复历史名酒宝丰酒的生产，起名地方国营宝丰县裕昌源酒厂，这成为河南省建厂最早的白酒厂家，1997 年改制为河南省宝丰酒业集团有限公司。

（二）宝丰酒的酿制

宝丰酒因产地而得名，其盛名享誉千载而不衰，这要归功于宝丰周边的环境、造酒的粮食、水和工艺等，这些都是宝丰酒的上乘酒质的先决条件。

传统工艺，清香纯正。宝丰酒经过选料、粉碎、制曲、培曲、酿造五大工序，可以有效排除原辅料中的杂味，充分保证了酒体清香纯正、丰满协调的独特风格。

第一步：选料。宝丰精选优质高粱、大麦、小麦、豌豆为原料。在选料过程中，对每一个环节严格把关，真正实现好粮酿好酒。

第二步：粉碎。将精选过的粮食均匀粉碎成 4、6、8 瓣，多糁少面为宜。这样才能使发酵更充分，产生的成分更丰富。

第三步：制曲。将粉碎好的原料按一定比例加水掺拌均匀，压制成曲砖后，进入曲房培曲。根据不同季节进行通风、翻曲，28 天后曲块成熟待用。

第四步：酿造。主要分为堆集润料—入甑蒸粮—入缸发酵—装甑蒸馏—看花截酒—分级入库—贮陈老熟等环节。其中的核心环节就是“清蒸二次清”工艺中最具代表性的入甑蒸粮、入缸发酵和装甑蒸馏。将粉碎的高粱与 95 ℃以上的高温水按比例拌匀堆集后装入酒甑，再将蒸好的高粱降温加入粉碎好的曲料，方可入缸发酵。25 天酒醅成熟后按照“轻、松、薄、匀、散、齐”的六字法装甑蒸馏。

地缸发酵，自然清净。宝丰酒以“清字当头，净字收尾”，采取传统的“地缸发酵”工艺，坚持酒土分离，保证了酒体自身的原质清香，使酿造过程更加天然纯净。

整个酿制过程始终贯穿“清、净”二字。所谓“清”，就是红高粱不配糟，纯粮清茬发酵；“净”，就是发酵容器、生产场地和设备强调清洁卫生，与其他香型白酒最大的不同是，宝丰酒是将特制的陶缸埋于地下，再将蒸好的高粱和粉

碎的酒曲拌匀后入缸发酵，所有酿酒原料不跟泥土接触，特别干净卫生，无污染，无杂味，保证了整个发酵过程的清洁、纯净。

恒温可控，醒酒更快。宝丰酒业的酿造工艺独特，传承清香型白酒的古法精髓，融入现代科技工艺，实现了酿造过程中的恒温可控发酵，即以低温制曲、低温发酵、低温溜酒为核心的“三低原则”。由于是以自热环境温度为主掌控生产质量，为了保证制曲、发酵和蒸馏的质量，确保温度的可控性，进而保证原酒以及成品酒的品质和口感风格的稳定性，在每年的 6~9 月，宝丰酒业的制曲、培曲、酿酒等工序都要停工，复工时间一般在 9 月中旬。温度控制讲究“前缓、中挺、后缓落”，始终在 25~30 ℃，以减少杂菌污染，使酒体更加清澈，酒味更加纯净。三低原则，自然温控，夏季停工，这些都保证了清香型宝丰酒的品质风格。

（三）宝丰酒的特点

“国色清香，宝丰酒”。宝丰酒中各种物质成分比例平衡，酒体纯正丰满，酯香匀称，干净利落；酒液无色透明，清香芬芳，甘润爽口，醇甜柔和，自然协调，回香悠长，把清香型白酒的特点发挥到了极致。其中 63 度高度酒和 39 度低度酒都备受人们喜爱。

清香型宝丰酒从闻香到入口，酒体都比较干净，其不上头、醒酒快的典型风格特点，成为引领健康白酒消费的新风尚。在河南平顶山当地民间至今还流传着这样的段子：“宝丰酒，光喝不醉，喝多瞌睡；一觉醒来，精神百倍；不影响上班，不耽误开会。”这些都是对宝丰酒不上头、醒酒快这一特点的最好诠释。

十六、宋河粮液

河南省宋河酒业股份有限公司是我国著名的大型酿酒骨干企业，公司所在地河南省鹿邑县枣集镇是我国著名的传统酒乡，据传是道家鼻祖老子李耳的诞生地和道教文化的发祥地。工业园区占地面积 80 万平方米，建筑面积 45 万平方米，整体规模在全国同行业中雄居前三位。主要生产中国名酒“宋河粮液”、河南名牌“鹿邑大曲”及其系列产品；主导产品“宋河粮液”于 1979 年被评为河南省名优产品；1984 年获轻工部银杯奖，被誉为“中原浓香型白酒的经典代表”；在全国第五届评酒会上，荣获中国名酒称号及金质奖；2004 年，宋河商标被国家工商总局认定为“中国驰名商标”；2005 年，宋河率先通过国家纯粮固态发酵白酒标志认证，获得高档名酒的身份证；2006 年，宋河粮液获得“白酒工业十大创新品牌”及“中华文化名酒”称号；2011 年注册商标“宋河”被国家商务部认定为“中华老字号”，同年，又被联合国环境规划基金会授予“杰出绿色健康食品”称号。

（一）宋河粮液的起源

鹿邑县有着悠久的酿酒历史，在距今 3000 多年的鹿邑太清宫长子口墓中出土的文物中，酒器有 48 件，盛酒器具、温酒器具有樽、角、槲、觥、壶、斗和桷等 11 种。

鹿邑大曲酒的诞生地——鹿邑县枣集镇，有一条流淌不息的宋河，它介于黄河与淮河之间，南方与北方交汇之处，清澈甘甜，是酿酒难得之水。此地兼南方北方之长，水资源优于北部，而光资源优于南部，再加上地势平坦如砥，河流交织，土地肥美复杂，兼备南北作物的种植条件，南国的水稻，北方的小麦、玉米、大豆、高粱、谷子、大麦、豌豆等农作物都能生长，且优质高产，是酿酒原料的生产基地。清酿美酒，始于耒耜。在地域文化特色上，鹿邑大曲酒产自道教鼻祖老子的故里，特别的地域环境、淳朴的民风、精湛的酿造工艺，使千古佳酿鹿邑大曲酒具有“窖香浓郁，净得脱俗”的酒体风格，这也和《老子》中的顺应自然、返璞归真的哲理思想相符，是鹿邑大曲酒精髓的基础。枣集镇酿酒由来已久，曾经大大小小的作坊就有个 18 家之多，古时枣集城里酒香扑鼻，商贾云集，一派昌盛繁荣的景象。

公元前518年，孔子问礼老子于古宋河之滨，老子以枣集酿造的美酒招待孔子，孔子饮后，留下“唯酒无量，不及乱”的千古饮酒之道。从汉代至宋代，先后有八位帝王曾亲临鹿邑，设坛以枣集酒拜谒老子。由古至今，宋河酒享有“八皇朝皇封御酒”之美誉。谚语云：“天赐名手，地赐名泉，枣集美酒，名不虚传。”后来，“枣集酒”被鹿邑人改称为“宋河酒”。

（二）宋河粮液的酿制

宋河粮液将独特的老五甑、续渣法、混蒸混烧、固态泥池发酵的传统工艺与现代科学技术相结合，以优质的东北高粱、江南大米、糯米、本地小麦、玉米为主要原料，汲取清澈甘甜的古宋河地下水，精工酿造而成。技术独特，国内领先，树豫酒典型性风格。

1. 科学的窖池容积确保了窖泥与酒醅接触的单位面积最大化

浓香型白酒的主要发酵设备就是窖池，而窖池容积的大小及窖池泥的质量优劣，对酒的风格和质量起着关键性的作用，宋河酒业使用的窖池容积大多为11 m^3 左右。

2. 多菌种复合养窖液的应用增加了优质老窖的使用周期

窖池保养以前用的是纯种己酸菌培养液，现改用以己酸菌为主的多菌种复合养窖液，这不仅强化了窖池中主要有益功能菌如己酸菌、放线菌、红曲霉、产酯酵母等的数量，而且补充了功能菌生长必需的营养成分，确保了微生物的正常生长繁殖，使其在粮醅发酵过程中产生较多的微量复杂成分和主体香味物质，使北方浓香型白酒的口感更加丰满醇厚。

3. 具有北方特色的五粮生产工艺为酿造优质白酒提供了技术保障

宋河酒业公司的科技人员经过多次调整配方和工艺参数（水分、酸度、温度等）试验，反复对生产的基酒进行对比，包括新酒对比和贮存两年后陈酒对比，找出了一个适合酿造宋河酒风格的五粮酿酒生产工艺。

4. 中高温曲作为糖化发酵剂

宋河粮液主要采用纯小麦中高温制曲作为糖化发酵剂，曲心温度达到62℃以上，保证了在培养过程中大曲香味物质的形成和香味前驱物质的积累。实践证明，中高温曲的香味和酯化力明显高于中温曲，而糖化力则低于中温曲，有利于缓慢发酵和酒的香味物质的形成。用中高温曲酿酒，曲香浓郁，酒味醇厚，并且有一定的曲香味。

5. 采用特殊生产工艺对每年压窖扔糟进行入窖再发酵

宋河粮液从本厂优质大曲中分离出具有糖化、发酵两重作用，且耐酸性较强的有益功能菌，通过扩大培养、驯化制成麸曲用于丢糟打回精入池再发酵，取得了很好的效果，并且能保护上部窖池，防止窖池中微生物和水分的流失，对窖池的保养有很大作用，有利于圆池后酒醅正常发酵。

6. 多种调味酒的生产应用进一步丰富了酒的质量内涵

宋河粮液采用特殊工艺先后研制和生产了增香调味酒、增味调味酒、曲香调味酒、糟香调味酒、双轮调味酒以及窖香调味酒等，用于白酒调香和调味，效果十分明显，目前已应用于低、中、高档酒的调味。

7. 基础酒的合理贮存与有效的组合是提高酒质、稳定酒体风格的关键所在

宋河粮液一般要求优质基酒贮存 3~5 年，调味酒贮存 5 年以上，勾调后再贮存 1 年，因为发酵再好的优质基酒，也必须经过自然贮存、自然老熟后，才能勾调出好酒。在所有白酒老熟方法中，自然老熟可使酒质变得更完美，这是其他方法所无法相比的。优质基酒在贮存过程中，香气变小，但口味变得醇和，优雅细腻，给人一种窖香优雅，窖香舒适的感觉。宋河粮液在勾调过程中十分重视酸、酯平衡，一般酸、酯比在 1:3.2 左右，保持了酒质的稳定，在组合过程中，将多粮酒和单粮酒按一定比例恰到好处地组合在一起，既保证了酒的原有风味和特征，又体现出了一种优雅的复合香气，可谓是锦上添花，具备了窖香优雅、舒适顺口、绵甜、香味协调、回味悠长的特点。新开发的“国字”系列宋河粮液投入市场后，深受消费者喜爱。

（三）宋河粮液的特点

宋河粮液因其“香、甜、绵、净”的中原浓香型白酒独特风格，载誉无数，家喻户晓，在两次中国名酒复评中，都因其稳定的质量、良好的口感而获得中国名酒称号。“天赐名手，地赐名泉”，清澈甘甜的古宋河地下矿泉水资源，优质的高粱、小麦等原料，历经千年、越研越精的传统酿制工艺与现代化科技的完美结合，使此千年佳酿具有“窖香幽雅，绵甜净爽，香味协调，回味悠长”的特色。著名作家李准以“香得庄重，甜得大方，绵得亲切，净得脱俗”十六个字准确地概括了宋河粮液的四大特色。

十七、沱牌曲酒

沱牌曲酒是四川省射洪县沱牌曲酒厂的优质产品，是驰名的国酒品牌。1972年以来，沱牌曲酒系列产品先后获得的荣誉有：省优3个，部优5个，国家名酒2个；商业部金爵奖3个，银金爵奖1个；香港第六届国际食品展金瓶奖。1989年全国第五届白酒评比中，沱牌54度、38度曲酒双获国家金奖，跨入国家名酒行列，成为四川省酒林中的第六朵“金花”。四川沱牌舍得股份有限公司先后被评为“全国文明单位”“全国环保先进单位”，被授予全国“五一劳动奖”“中华慈善事业突出贡献奖”，获“中华老字号”“中国食品文化遗产”“国家级非物质文化遗产”等称号。

（一）沱牌曲酒的起源

清光绪年间，邑人李吉安在射洪城南柳树沱开酒肆一爿，名“金泰祥”。金泰祥前开酒肆，后设作坊，自产自销。

由于李氏得“射洪春酒”真传，并汲当地青龙山麓沱泉之水，酿出之酒味浓厚，甘爽醇美，深得饮者喜爱，取名“金泰祥大曲酒”。金泰祥生意日盛，每天酒客盈门，座无虚席，更有沽酒回家自饮或馈送亲朋者。一时，金泰祥名声大噪，方圆百里，妇孺皆知，前来沽酒者络绎不绝，门前大排长龙。由于金泰祥大曲酒用料考究，工艺复杂，产量有限，每天皆有部分酒客慕名而来却因酒已售完而抱憾归去，翌日再来重新排队。店主李氏见此心中不忍，遂制小木牌若干，上书“沱”字，并编上序号，发给当天排了队但未能购到酒者，来日酒客凭“沱”字号牌可优先沽酒。此举深受酒客欢迎。从此，凭“沱”字号牌优先买酒成为金泰祥的一大特色，当地酒客乡民皆直呼“金泰祥大曲酒”为“沱牌曲酒”。民国初年，清代举人马天衢回乡养老，小饮此酒，顿觉甘美无比，又见沱字号牌，惊叹曰：“沱乃大江之正源也！金泰祥以沱为牌，有润泽天地之意！此酒将来必成大器！”遂乘兴写下“沱牌曲酒”四字，吩咐李氏以此为酒名，以顺酒客乡民之心，寓“沱泉酿美酒，牌名誉千秋”之意，并预言沱牌曲酒将来必饮誉华夏，造福桑梓！店主李吉安欣然应诺，从此将“金泰祥大曲酒”正式更名为“沱牌曲酒”，沿用至今。

（二）沱牌曲酒的酿制

沱牌曲酒以优质高粱、糯米为原料，以优质小麦、大麦制成大曲为糖化发酵剂，老窖做发酵池，采用高、中温曲，续糟混蒸混烧，贮存勾兑等工艺酿制而成。

"沱牌曲酒传统酿造技艺"历经了古通泉县（现射洪县）自然发酵之"滥觞"、"酯"酒、西汉醴坛、南北朝之醪糟酒、唐代春酒，以及宋元大小酒、蒸馏白酒和明代谢酒、民国李氏"泰安酢坊"曲酒等发展过程，至今已 1300 余年。沱牌曲酒传统技艺大致分为筑窖、制曲、酿造、储存四大环节，全过程均属手工技艺，依靠川中特有的地理、人文环境，凭着酿酒师"看、闻、摸、捏、尝"鉴别产品品质，通过言传身教，口耳相授，延续至今。用窖池作发酵容器是沱牌曲酒的工艺特点，窖池的窖龄长短是基酒质量好坏的关键所在。

沱牌曲酒股份有限集团（四川舍得）作为该技艺的保护单位，尤其注重对"沱牌曲酒传统酿造技艺"的生产性保护，在"泰安酢坊"基础上，建成了具有唐、明、清及民国时期风格的"沱牌曲酒传统酿造技艺"传承基地和以"沱牌曲酒传统酿造技艺"为主题的酒文化博物馆，培育出四川省著名工业旅游景区——"沱牌酿酒工业生态园"。

"沱牌曲酒传统酿造技艺"是中国传统蒸馏浓香型白酒酿造技艺的典型代表之一，拥有极高的历史价值、文化价值、学术价值和经济价值。它反映了四川白酒产业发展的重要历史进程，是我国酿酒业一笔宝贵的历史文化遗产，对于研究

我国的酿酒历史、诗酒文化以及传统生物发酵工业等具有极高的价值。“泰安酢坊”现存的两处古窖池和一口古井被国家文物局认定为“中国食品文化遗产”，该技艺也于 2008 年被国务院列入“国家级非物质文化遗产”名录。

（三）沱牌曲酒的特点

沱牌曲酒具有窖香浓郁、清洌甘爽、绵软醇厚、尾净余长的独特风格，尤以甜净著称，属浓香型大曲酒，酒度为 38 度、54 度等。沱牌系列酒有许多不同的特点，如浓香型天曲、特曲、优曲三大战略产品，系沱牌舍得数十年生态酿酒的智慧结晶，品质更纯、更爽、更自然。浓香型沱牌大曲以水、优级食用酒精、高粱、大米、糯米、小麦、玉米、食用香料为原料，其特点是酒体柔顺、醇甜、爽净。浓香型柳浪春以优质白酒为酒基，取鲜荷叶之清香汁液配以冰糖调味精制而成，其特点醇甜柔顺、香味协调、清爽尾净。浓香型沱小九秉承舍得酒业独创的六粮浓香工艺，与传统的五粮酿造相比，在原料中增加了大麦。大麦含有被誉为“血管守护神”的原花青素，可促进酿酒功能菌的生长，提高酶的活性，有利于产生更多的白酒芳香成分，使酿出的酒口感更佳，清爽淡雅，回味绵长。浓香型品味舍得酒以优质高粱、大米、糯米、小麦、玉米、大麦六种粮食为原料精酿，其特点是醇厚绵柔、细腻圆润、甘洌净爽、回味悠长。酱香型吞之乎和天子呼，创新“全生态酿酒”绿色理念，重新定义超高端酱香型白酒，口感醇和、扎实、细腻，酒力柔和，入口甜美，回甘持久。

第二节 地方名酒

何为地方名酒？顾名思义就是指在一定区域范围内知名度较高且消费者认可度高的地方品牌酒。中国是一个白酒酿造大国，千百年来，各地都出产了不少好酒，深受人们喜爱。在当今白酒行业竞争激烈的状况下，许多地方名酒品牌知难而上，在继承传统的基础上，坚持改革，创新工艺，不断提升酿酒质量，获得了多种荣誉和广泛赞誉。比如有不少地方名酒就和一些国家名酒一样，也被国家商务部认定为“中华老字号”品牌，逐渐在全国提高了知名度。所以，从某种角度讲，许多地方名酒并不只是在地方知名，而同样也是全国闻名的。由于篇幅所限，本节仅对部分地方名酒进行介绍。

一、文君酒

文君酒产自四川邛崃（古称临邛）。邛崃是古往今来盛产美酒的地方。文君酒厂的前身是大全烧房，有13个老窖是明代所建，清代光绪年间，其生产的美人牌大曲酒远近闻名，1923年有饮者认为其酒质可与贵州茅台媲美，所以一度改用"邛崃茅台"之名，获得过四川劝业会的奖状和奖章。1951年，在大全烧房和其他小作坊的基础上，成立了四川省邛崃酒厂，1962年将产品定名为文君酒，1966年改为临邛酒，1980年又复用文君酒。文君酒1963年被评为"四川名酒"，1983年再次被评为四川省名酒，同年被四川省经委评为优质产品，1981年和1984年均被评为商业部优质产品。1985年酒厂改名为四川省文君酒厂，"文君牌"文君酒是1985年四川省优质产品。1988年文君酒在巴黎第十三届国际食品博览会上获得金奖。文君酒先后在多个国家及地区荣获11枚国际金奖，成就了其香传四海的美名。

（一）文君酒的起源

据考证，邛崃酿酒始于3000年前，文君酒的历史渊源可追溯至2000多年前的西汉时期。史书上有"临邛酒""瓮头春""卓女烧春"等佳酿入选宫廷贡酒的记载。历来文人墨客借文君酒抒怀的佳句也随着美酒一并流传，如杜甫"茂陵多病后，尚爱卓文君"。陆游在咏《文君酒》一诗中写道："落魄四川泥酒杯，酒酣几度上琴台。青鞋自笑无羁束，又向文君井畔来。"

传说2000多年前，西汉大文豪司马相如青年时，仪表堂堂，才华横溢，写出的赋字字珠玑，动人心弦。一次偶然的机会，他到成都巨富卓王孙家做客，和卓王孙之女卓文君一见钟情，遂弹奏一曲大胆表露爱意的《凤求凰》来表达爱慕之意。卓文君是个美貌聪明，知诗画、善音律的女子，对司马相如敬爱不已。不料，卓王孙见司马相如当时一贫如洗，是个落魄书生，便对女儿的婚事横加阻挠。卓文君不顾家庭的压力，竟和司马相如私奔出走。他们来到邛崃县城，用所有财物开了一个小小的酒铺度日。卓文君心灵手巧，取店后的井水酿酒，司马相如赤背短衫，洗涤酒器。一对佳人才子肆中卖酒，成为当地一大美谈。因他们酿造的酒醇正芳香，入口甘美，开业伊始便宾客满座，生意兴隆。从此，两人白天酿酒、卖酒，晚上弹琴作赋，生活风雅而甘甜。卓文君亦成为中国历史名人中有据可查的最早卖酒人。

他们边做生意，边攻诗文。不久，司马相如因一篇文采飞扬的《上林赋》得到汉武帝重用，后衣锦还乡。当地官员出廊相迎，黎民百姓夹道欢呼。此后，

司马相如辞别卓文君赴长安供职，竟然离家五载后才来信，暗表已变心“无意”。悲情中，卓文君疾书《怨郎诗》回诘，诗文智巧情真，司马相如看后羞愧万分，被卓文君的才华与真情感动，遂回头与她相伴终老。“文君当垆，相如涤器”的传奇爱情与《凤求凰》的诗酒风流均被千古传颂。卓文君对才华的鉴赏力、勇为情奔的果敢、当垆卖酒的生活热情、挽回司马相如的睿智，都超凡脱俗，如同文君酒的陈香底蕴，芳飘千载，久而弥笃。

后来，当地百姓将卓文君店后的井叫作“文君井”，用文君井酿的美酒叫作“文君酒”。从此，世代相传，文君酒就成了名酒。

（二）文君酒的酿制

文君酒的产地邛崃位于四川成都平原，古称临邛，有“天下南来第一州”的美誉，也因其得天独厚的环境极利于微生物繁衍和发酵，而孕育出巴蜀悠久灿烂的酒文化。其西南山地为郁郁森林，四季气候宜人，峦翠水清，多雾多雨。其土质黄黏偏酸，细腻丰沃，极具窖藏优势；所形成的沃野良“万石农耕”而五谷丰饶，酿酒资源丰富。

酿造文君酒的水取自“通天泉”，其水纯净甘洌，为酿酒上佳之选。文君酒秉持“一曲、二粮、三匠人”的酿制工艺原则。“一曲”即酒曲，是酿酒的发酵剂，选用优质稻谷为原料，用大麦、小麦混合制成的麦曲为糖化发酵剂，采用人工制曲，以人手力度造出曲砖；“二粮”指细选的五种粮食：高粱、大米、糯米、小麦和玉米，使高粱的清香、大米的甘醇、糯米的浓甜、小麦的曲香、玉米的浓香融为一体。五谷生百香，这奠定了文君酒浓香型白酒的基础；“三匠人”指酿酒各环节的工匠。

五谷原料经过破碎、配料、拌料、蒸煮糊化、低温入窖，精华物质在古老的窖池中经过长达两个多月的发酵，做到酯化、生香及香味物质

的充分积累，再经滴窖、分层蒸馏、量质摘酒等多道精益工序，这样酿制出的原浆酒才能达到柔和醇正的境界。

文君酒的生产工艺完整地保留了传统古法的精髓：制曲车间前身为拥有200多年历史的曾氏曲房，至今坚持全手工制曲法。曲砖色泽金黄、外紧内松，有利于微生物充分发酵，给入窖的粮糟提供更多发酵所需的菌种。酿造车间前身为明代寇氏烧坊，拥有400多年历史的古法原酿，至今仍被鲜活演绎。文君酒精选100%纯头酒精粹，仅使用经数年宜兴陶坛储存的高级原酒进行调配，对品质有着极高的要求。采用续糟配料，老窖固态发酵，混蒸混烧，陈贮老熟，精心勾兑，反复检验，合格装瓶等操作方法精酿而成，外加以陈贮的传统酿酒工艺，文君酒才得以成功地面世，代代流传至今。从混料、翻料到入窖经90天发酵，再到一个半小时分层蒸馏，每个环节都一丝不苟。不同泥窖层的酒糟蒸馏出来的头酒又被分成ABCD四个等级，D级直接被摒弃不用，ABC三个等级的原浆则入陶坛进行陈年窖藏。酒是陈的香，陈年的过程是醇和酒质、去味留香的过程，所有用于调配成酒的原浆酒的陈年时间必须达三年以上。

“凤兮凤兮归故乡，遨游四海求其凰。”一曲凤求凰让司马相如和卓文君的故事流传至今。千古流传的音律在时间的长河中，清雅润透，终于幻化成玉露琼浆，经由文君酒庄调酒大师妙手点化，灵犀调配而成。

（三）文君酒的特点

文君酒清新脱俗的酒瓶的设计灵感源于中国古琴。清丽飘逸的花纹，韵味悠长的五根琴丝，华丽大方、简洁高雅。国家级白酒调配大师深谙文君精神，虔心调配，将品鉴者带入一段不同寻常的味觉之旅：清芬淡雅的甜香从舌尖开始，在口中丰盈蔓延；甘琼入喉，如花瓣在泉水中流转春暖，不经意间已滑至心底，而回甘舒润清甜、蕴含众香、纯净甘洌、口感醇厚、自然协调、余韵悠长。

文君酒清澈透明，浓香甘洌，入口芳香，有清爽舒适，回味悠长，饮后尤香等特点。文君酒具有香、洌、醇、甜的特殊风格，属于浓香型大曲酒。闻之浓厚醇郁，酒香携甘甜扑鼻而来；饮之则如花苞在口中瞬间绽放，芬芳鱼贯而出席卷味蕾，令每一个细胞随之开合雀跃，充满活力与生机。之后，酒香又被裹挟成柔顺飘逸的一缕，入喉时只如丝缎，润物细无声。这便是文君酒的风格所在。有全国评酒专家高度评价文君酒，认为其窖香浓郁，浓中带酱，酒体醇厚，绵香爽口，协调尾净，余香长，味丰满。其特点是：不刺喉、不尖辣，入口十分舒适，饮后带给饮者飘逸清新的感觉。不仅融会贯通了白酒的传统五香，同时还包含层次丰富的花香与果香，味道丰富。

二、江口醇酒

享有“四川第一醇”美誉的江口醇系列酒采用优质红粮和清香弥幽的“南台山泉”，辅以大巴山特有的 20 多种中草药制曲，经独创的“窖中窖”复式发酵工艺生态酿制而成。四川江口醇酒业（集团）有限公司成立于 2002 年 3 月，坐落在四川省平昌县江口镇酒乡路 2 号。其产品曾先后荣获“日本东京第三届国际酒饮料博览会质量金奖”“中华老字号”“中国驰名商标”“国家地理标志保护产品”“四川省非物质文化遗产”等 80 余项殊荣，在品牌如林的川酒中独树一帜，被誉为川酒的“第七朵金花”，赢得了广大消费者的广泛认可和衷心赞誉，成为全国酒类知名品牌。

（一）江口醇酒的起源

江口醇酒萌生于四川平昌。平昌始置平州县时，层峦叠嶂，林茂草长，虎狼肆虐，一片蛮荒。为抵御兽害，繁衍生息，平州百姓研制出一种既能舒筋活血、强劲壮胆，又能除疲解乏的饮品米酒，其在民间盛行了一千多年。清朝初期，宫廷王室视酒为有害之物，康熙、雍正、乾隆三朝一直严谕禁酒。四川山高皇帝远，川酒一直在经营，更有直隶、湖广、江浙一带酿酒者移居四川后，利用四川得天独厚的条件继续酿酒。乾隆五十一年（公元 1786 年）一湖北唐姓移民，擅长制酒，入川定居江口后，重操旧业，精心酿酒出一种比米酒更香、更来劲的烧酒，名曰“酊缸酒”。清同治年间，一位叫吴德溥的平昌举人荣归故里。他集宫廷酿酒秘方和民间烤酒技艺于一体，从云南请来酿酒师，改进酿酒技艺，取沁心泉水，酿出了香醇可口、品味纯正，品质比酊缸酒更上一层楼的“小酢酒”。恩科举人、顺天府房山县令吴道凝在畅饮故乡佳酿后，诗兴大发，一首描绘巴灵台无限风光，次比泰岳，并列骊山的《巴灵台赋》如清泉倾泻，跃然纸上。不久《巴灵台赋》传入皇宫，皇帝阅后，盛赞有加，遂降旨县令将江口所酿小酢酒定期送至京城供御用。江口美酒从此名噪巴蜀，誉满京华。二吴之后，江苏海州道员廖纶也回到江口镇。廖纶是位风雅名士，饱读诗书，满腹经纶，是当时著名的书法家、诗人。他生性好酒嗜茶，晚年隐居古朴的江口镇，借灵山秀水，伐木凿石，建造酿酒作坊，名曰南台酒坊，不久，他又建起了南台茶坊，真可谓“东边酒坊醇香飘，西边茶坊清芳绕”。廖纶讨来宫廷酿酒秘方，向蜀地酿酒名家虚心求教，综合众家之长，苦心钻研，终于造出了比皇帝青睐的“小酢酒”更胜一筹的“南台酒”。平昌江口酒乡商贾云集，廖纶特制酒窖产出的“南台酒”吸引着众多外地客商。南台神泉千年有之，江口南台酒窖百年生辉。昔日的南台酒，如今的江口醇，早已远销欧洲、东南亚各地，誉满全球。

（二）江口醇酒的酿制

江口醇酒的酿造历史可追溯至周朝。据史料记载，巴中是古代巴人的集聚地之一，后来明末清初“湖广填四川”时，土家族移居于此并逐渐汉化。民族的杂居和交融使土家族的“咂酒”酿造技艺与土著巴人的“酊缸酒”酿造技艺得到了融合发展。“咂酒”和“酊缸酒”是江口醇传统酿造技艺的先祖。

江口醇酿造技艺是一种蒸馏酒传统酿造技艺，其核心区域位于平昌县。江口醇的传统酿造是以优质糯米、高粱为原料，谷壳为辅料，小麦制曲，采用的是混蒸续糟，泥窖固态发酵，边糖化边酒化的复式发酵工艺。其流程主要包括：原料处理、制曲、淀粉糖化、酒精发酵、蒸馏取酒、老熟陈酿、勾兑调校等。

江口醇传统技艺的复式发酵酿酒工艺流程与其他浓香型白酒酿造工艺有着较大差异，兼具历史文化价值和科学研究价值。发掘、发展和保护江口醇酿造技艺十分具有现实意义。

（三）江口醇酒的特点

江口醇酒具有窖香浓郁、清冽甘爽、绵软醇厚、尾净余长，尤以甜净著称的独特风格，属浓香型大曲酒。酒度为 38 度、54 度等。江口醇有许多系列酒，其中大酱风度酒最显著的特点在于它的包容性。浓酱兼香、以酱为主、优雅大度、浑然天成，开江口醇酒史先河，以“丰腴雅致、醇甜净爽、浓酱兼香”的独特风格，赢得了广大消费者的喜爱。

相传三国时蜀军中川兵喜饮浓香酒，黔军喜饮酱香酒。诸葛亮令川黔酿酒技师共拟“浓头酱尾”之方，满足了士兵的不同喜好。诸葛酿酒便是继承了传统古方，浓酱兼香，细腻醇和。

三、丰谷酒

绵阳市丰谷酒业有限责任公司坐落在绵阳市西河东路 4 号，起源于清朝康熙年间的丰谷天佑烧坊，至今已有 300 多年的历史。公司先后荣获了全国商办工业百强企业、四川省工业企业饮料制造业效益 10 强、全国质量效益先进型企业、中华老字号等称号。丰谷特曲也先后荣获“跨世纪白酒著名品牌”“第二届全国体育大会专用产品”等称号。丰谷酒王、丰谷特曲被四川省人民政府双双授予“四川名牌产品”的称号。公司创造性地研发出中国“低醉酒度”高档白酒的三大标准，并荣获“2012 中国最具创造力技术”大奖，成为中国白酒行业中至今唯一获得这一最高殊荣的企业。“低醉酒度”技术的应用开启了健康饮酒的新时代。

（一）丰谷酒的起源

在清代康熙年间，先辈王发天定居绵阳丰谷镇，以富乐烧坊为主体，合并数家作坊，建立了丰谷酒业的前身丰谷天佑烧坊。烧坊一创立，就因其用料考究、工艺精湛、酒味醇美而享誉古绵州城内外。随着酿酒技术发展，烧坊的生意日益兴隆，多年后演变成天佑大曲烧坊。“丰谷酒香千家颂，天佑坛开十里香”就是当时盛景的真实写照。民国期间，天佑大曲烧坊产销两旺，生产的“丰谷老窖大曲”畅销省内外各地。最近 50 多年来，虽然经过一系列改革和企业的历史演变，其产品仍然继承了传统工艺生产技术的特点，并结合现代微生物酿酒技术，精选优质高粱、大米、小麦、糯米、玉米酿制而成独特风格的“丰谷牌”系列白酒。1979 年 10 月，以发源地丰谷镇为名，注册了“丰谷牌”商标。

（二）丰谷酒的酿制

1. 优取川酒 U 形带水源

水是酒之灵魂，酒的品质当然也要取决于水的品格。丰谷酒的酿造用水源自长江源头雪宝顶，与九寨沟之水同源，是川西高原闻名遐迩的“名酒 U 形地带”水源，可谓得四川名酒带上风上水，富含各种微量元素，硬度低，酸度适中，属甜水，是酿酒的优质用水。（印度洋板块向亚欧板块俯冲过程中，形成了冰川雪宝顶，冰川雪水经过大自然的层层生态过滤，形成了优质的酿酒水源。）

2. 精选优质原粮

好酒源自好粮。丰谷酒用粮始终遵循优中选优的原则。粮食基地日照充足，空气清爽，粮食在整个生长过程中不添加化肥、农药，无污染，谷物颗粒饱满，富含多种营养成分，保证了丰谷酒的质感醇厚，回味悠长。

3. 优创独有活性窖泥技术

丰谷酒优创独有活性窖泥技术，延续了300多年老窖的微生物体系。

千年老窖万年糟，酒好须得窖泥老。酿酒窖池的窖龄越长，窖泥中所含的对人体有益的微生物质就越丰富，产出的酒质量就越好。丰谷酿酒窖泥一直由富乐烧坊、天佑烧坊老窖泥所繁衍。这种老窖泥中富含上千种生香、低醇、有益人体健康的微生物，经过上千年的不断衍生、驯化，形成了独特的菌种生物群。而且，丰谷又在其300多年的窖中，经过10年探索发现一种能使酿酒窖泥活性优质持久、新窖泥只需一年即可酿造出优质原酒的“活宝贝”——M类微生物，这一科研成果通过了科学技术成果鉴定，并被成功推广应用到了生产中。

4. 优循100多道工序

丰谷酒优循100多道工序，严控五大醉酒因子。

酿酒工艺是酒体质量的核心。丰谷酿酒依托独特的地域生态环境，以精选高粱、大米、糯米、小麦、玉米五种粮食为原料，以“包包曲”为糖化发酵剂，在认真吸收其他名酒工艺的基础上，更着力于塑造丰谷酒自身的 “分层用糟，底回底，本窖循环” 特色，优中选优，巧妙地兼顾了跑窖循环的续优质好糟的特点，又保留了本窖循环于养窖养糟有利的特点。丰谷窖池持续酿造300余年，坚持“早春入窖，中秋取酒”的古训，精选的生态有机粮食在千年古窖池中充分发酵。每批原料要在里面深窖发酵70天到140天。通过周而复始的轮转滋长，变成孕育美酒的温床。待窖池内糟醅发酵完毕，出窖时，窖内糟醅必须分层次进行堆放。其中，同一窖的窖底糟醅所产酒最好。经过加原、辅料后，除底糟、面糟外，各层糟醅混合或分层使用、蒸煮糊化、打量水、摊凉下曲，仍然放回到原来的窖池内密封发酵。独特专业化的配料、保证低温、缓慢、均匀的长期发酵，使各层各甑入窖糟的酸、淀、曲、水、温科学配合，达到同一个窖池内的任何一层面在发酵期内都能缓慢、均匀、一致性地自然升温发酵，从而在100多道生产工序中对影响醉酒的五大因子进行科学控制。

（三）丰谷酒的特点

丰谷酒的主要产品有丰谷酒皇、丰谷酒王、丰谷特曲、丰谷老窖、酒令系列、星级系列、朝代系列、酒寨系列及绵州酒系列等20多个系列品种，200余个产品规格的浓香型白酒。产品集传统工艺和现代科技精心酿制而成，生产工艺达到了同行业先进水平，产品形成了独特的个性香味特征：无色透明、窖香幽雅、香味舒适协调、醇厚绵甜、尾味爽净，深受消费者喜爱。

四、八百寿酒

彭祖八百寿酒为四川八百寿酒业有限公司出品的白酒，其公司位于我国著名的长寿之乡——四川省彭山县，其前身是地方国营彭山区酒厂，由清末年间的六家私人酿酒作坊逐步发展而成，距今已有 100 多年的历史，其酿酒老窖池一直使用至今，还是眉山市文物保护单位。四川八百寿酒业有限公司现有“彭祖”“八百寿”两大知名品牌，60 余个系列产品，1988 年荣获原中商部优质产品金爵奖，“彭祖”商标在 2011 年被国家商务部认定为“中华老字号”，“八百寿”于 2008 年被授予中国驰名商标，2012 年被授予四川名牌产品。

（一）八百寿酒的起源

彭山县是彭祖出生、成长、养生之地，因彭祖而驰名海内外。相传，彭祖为古代第一寿星，道家始祖。早在殷商时代，彭祖除对养生文化有较深的研究外，还对巫术在震慑和魔幻方面有较深的研究和探索，并十分成功地将巫术之震慑力量和魔幻作用方面的效能用于军事上；其授命于殷王领兵攻打徐州，大获全胜。人们尊称他为“彭伯”，这就是历史上“彭伯克邳”的典故。据传，彭祖在徐州为官时，平时喜欢烹调，殷王闻讯后专程前去寻访。彭祖就地取材，弯弓射猎，亲自下厨为殷王做了一个雉鸡汤（雉鸡，即山鸡，也就是通常我们所说的野鸡）。殷王尝后赞不绝口，当即册封彭祖为商大夫，拟调到皇宫，专职负责帝王的一日三餐等事务。尽管彭祖已官至商大夫，但他却不愿追逐名利，不恋官场，一心一意修身养性，探寻养生诀窍及长寿之道。一天，彭祖趁夜色弃官出逃至一深山中，就是现在的四川省彭山县境内的彭祖山，终于实现了他的梦想。据史料记载，彭祖活了八百岁（相当于现在的 130 多岁，因为古时彭山一带按 60 天小花甲记岁法记岁）。

千年神奇的养生文化及厚重的历史，以及独特的传统酿造工艺，成就了今天的蜀国名酒——八百寿酒。

（二）八百寿酒的酿制

彭山的酿酒历史悠久，早在西汉时期，彭山酿酒业已经形成。1973 年在彭山县城附近蔡家山出土的东汉时期酿酒画像砖，是彭山酿酒史的最好见证。彭祖八百寿酒业现存的酿酒老窖池，始建于清朝嘉庆年间，一直使用至今，距今已有 200 多年历史，现已被列入市级重点文物保护单位。八百寿酒传统酿造工艺被评为非物质文化遗产。

“彭祖”“八百寿”两大系列产品以浓香型大曲酒为主，沿用浓香型白酒传

统工艺，结合现代酿酒新技术，以优质高粱、大米、小麦、糯米、玉米为原料，续糟配料，混蒸混烧，泥窖固态发酵，量质摘酒、分级贮存，精心调制而成。

彭祖八百寿酒是在有传承的百年古窖中酿造而成的。这种古窖中含有很多种益生菌，再加当地独特的地理环境和气候，反复发酵，再蒸馏摘酒储藏和调制，最后澄澈透明的酒中仍保留“蛋白质、矿物质、纤维素、维生素、氨基酸及碳水化合物”等 7 种“营养素”和“皂苷、黄酮、有机酸”等 11 类“有效成分”。看似与普通白酒没什么两样，但入口后却药香四溢，常喝有振阳除寒，疏肝解郁的作用。

（三）八百寿酒的特点

彭祖八百寿酒根植于中国彭山“寿”“孝”文化，沿用浓香型白酒传统生产工艺，精选长寿之乡的红皮糯高粱，采用长寿之乡的天然泉水，运用“非物质文化遗产”传统酿造技艺精心酿制，百年老窖固态发酵，窖香浓郁、陈香幽雅、醇和绵甜、香味协调、余味净爽、口感柔和，醉得慢、醒得快，具有气阴双补、延缓衰老的作用，是高品质的养身佳酿，也是将健康与祝福完美融合，孝敬长辈、给父母祝寿的吉祥礼品。

五、水井坊酒

四川水井坊股份有限公司于 1993 年成立，位于成都市金牛区，主要酒类产品有水井坊品牌系列等。水井坊酒的前身为全兴大曲，多次被评为名酒。

（一）水井坊酒的起源

经国内学者考证，水井坊不仅是中国现存最古老的酿酒作坊，而且是中国浓香型白酒酿造工艺的源头，酒坊所呈现出的“前店后坊”格局是我国古代酿酒和酒肆的典型实例。水井坊被誉为“中国白酒第一坊”，白酒行业的“活文物”。水井坊的窖池历元明清三代，经无数酿酒师精心培育，代代相传，前后延续使用600余年，由此孕育出了独有的生物菌群，赋予水井坊酒独一无二的极品香型。

（二）水井坊酒的酿制

水井坊酒传统酿造技艺被评为“国家级非物质文化遗产”，其主要步骤大致可分为起窖拌料、上甑蒸馏、量质摘酒、摊晾下曲、入窖发酵、勾调储存等工艺流程。

起窖拌料

与众多白酒酿造相似，水井坊酒采用传统酿造方法，是选用优质的稻米等原料，按特有的配方调制而成的。

上甑蒸馏、量质摘酒

原料拌匀以后，由酿酒师把酒糟均匀地铺撒在已经沸腾的甑桶里，进行缓火蒸馏、分段量质摘酒。

600 余年前水井街酒坊的传统蒸馏工艺是采用“天锅”来完成，其中包括了蒸馏、摘酒、观火等环节。摘酒时，要根据酒质的特殊口感，边接酒边品尝，按分段的形式摘取各等级的酒。水井坊的酿酒师们在这几道关键环节上都有着自己独到的体会和技艺，岁月的历练使他们拥有一套精湛的摘酒技巧。

摊晾下曲、入窖发酵

经过蒸馏的酒糟需被转移至晾堂进行摊晾。摊晾的目的是使出甑的酒糟迅速冷至适合酿酒微生物发酵的入窖温度。与此同时，水井坊酿酒师将根据不同季节的温度，灵活掌握下曲的温度，完成下曲后，再将酒糟转移入窖，用泥土进行封存，再次发酵。

勾调储存

因循古法，历代酿酒师一步步精工细作，按照传承一脉的技艺和配方进行勾调，再分级于陶坛贮存。

历经上述严苛的制酒流程与工艺，水井坊酒还需要经过多次过滤去杂，方能进入最终的现代化灌装线。

（三）水井坊酒的特点

“水井坊”品牌的系列酒有：水井坊礼盒装（世纪典藏、风雅颂、公元十三等）、水井坊典藏装、水井坊井台装、天号陈、小水井、琼坛世家、往事等主要品种。水井坊酒自古以来便凭得天独厚的自然环境形成了经典浓香风格，在众多浓香型酒品中独树一帜。历代酿酒大师心手相传，以传统酿造工艺潜心酿制出水井坊酒“陈香飘逸、甘润幽雅”的酒格，使其成为成都平原浓香型白酒淡雅风格的经典代表。

六、赖永初酒

赖永初酒业有限公司位于贵州省贵阳乌当区。赖永初先生的儿子赖世强，为纪念其父赖永初先生，将原“赖茅”酒命名为“赖永初”酒，以赖永初先生的肖像及姓名作为注册商标，并荣获“贵州省著名商标”称号。2011 年 3 月赖永初酒业有限公司被国家商务部认定为“中华老字号”。“赖永初酒”一上市，在省内就深受欢迎，很快又声名鹊起，畅销全国各地以及多个国家和地区。

（一）赖永初酒的起源

“赖茅”酒的前身为构酒。构酒是一种由天然野果所酿制的甜酒，正是因为构酒，茅酒的历史才浩浩千年而辉煌。酿制构酒的原料，古称“蒟酱”，胡椒科植物，其果酱红色，形如弯拐，故当地老百姓称之为“拐枣”，鲜果味涩，需采集埋于稻草中三日变甜。古夜郎国人将其存于大缸内十多天，自然发酵成酒，味道甜美可口，酒稠呈红色，故构酒亦被称为“构酱”。

民国二十六年，赖永初到茅台镇兴办实业，意在重振茅酒。其后，“赖茅”也终于盛名远播，一度成了茅酒的代名词。有诗云：平生不饮一回赖茅酒，读尽诗书亦枉然。

（二）赖永初酒的酿制

赖永初酒以高粱和小麦为原料，一年一个生产周期，根据不同季节的特殊性，因时投料，每道工序都有严格的时间掌控；在不同的季节，由不同的微生物对原料进行发酵、糅和、升华，历经 9 次蒸发，8 次摊晾、加曲、上堆发酵、入池发酵，7 次取酒的复杂生产过程。

经过四季的变换，微生物赋予了赖永初酒大量的香气物质和酚类化合物，长年窖藏又减少了赖永初酒中的易挥发物质，使赖永初酒的味道“自然天成”。赖永初酒可以说是自然与人的完美合作。经过一次次历练、蜕变的赖永初酒，刺激小，饮后不上头、不烧心、不辣喉，更有健脾养胃、保肝、软化血管、预防心血管疾病的功能。

（三）赖永初酒的特点

赖永初酒被誉为“酱香经典，酒中极品”，具有“无色、透明、醇香、回甜”之风格。有人这样评价赖永初酒：“上品酱香，其色泽微黄、味道醇和、开瓶溢香、回味悠长、酒体丰满、厚重大气”。

七、牛栏山酒

牛栏山酒厂隶属北京顺鑫农业股份有限公司，位于北京市顺义区北部牛栏山镇，潮白河西畔。牛栏山二锅头诞生于牛栏山镇，雄踞京都，誉满全国，是正宗二锅头京酒的代表。2008 年 2 月，国家标准化管理委员会公布“地理标志产品牛栏山二锅头酒”国家标准，牛栏山二锅头成为国家原产地保护产品。作为北京地区唯一获得“原产地标记保护”的二锅头白酒，面对历史赋予使命，企业矢志不渝，踏实奋进，为繁荣北京二锅头文化，不遗余力地燃烧着企业的激情，演绎着二锅头代代相传的源头精粹。1984 年“北京特曲”荣膺北京名牌称号；1994 年“北京醇”摘得第 32 届布鲁塞尔国际博览会金奖桂冠；2006 年 4 月，牛栏山二锅头产品荣获中国白酒工业十大竞争力品牌；2015 年 10 月，荣获中国商业联合会中华老字号工作委员会“2014—2015 年度中华老字号传承创新”先进单位证书及奖牌；2017 年 8 月，牛栏山酒厂“53 度清香型白酒”在 2017 年中国食品工业协会白酒国家评委年会中，荣获“2017 年度中国白酒国家评委感官质量奖”。

（一）牛栏山酒的起源

牛栏山背依燕山，面向潮白河，蕴山水之灵秀，自古居住着一群勤劳智慧的人们，依山傍水而成镇。据历史资料记载，牛栏山镇始建于 1368 年，地处土地肥沃的华北平原，东临潮、白二河汇合处，地下水水源丰富，水质尤佳，适宜酿酒，历来被誉为酿酒圣地。其悠久的饮酒历史甚至可以追溯到西周时期，在牛栏山地区出土的西周时期的青铜酒器就是最好的证明。

明清时期牛栏山的酿酒工业达到鼎盛，据康熙五十八年的《顺义县志》卷二“集镇”载，牛栏山酒肆茶坊等“铺店亦数百家”，其“黄酒、烧酒”为远近闻名之“物产”，这里所说的“烧酒”即现在的二锅头。之后的《顺义县志·实业志》亦记载，“造酒工：作是工者约百余人（受雇于治内十一家烧锅），所酿之酒甘洌异常，为平北特产，销售邻县或平市，颇脍炙人口，而尤以牛栏山之酒为最著。”这里也指的是现在的牛栏山二锅头。当时顺义有“京东第一大粮仓”之美誉，潮白河地下水系的优质水源更为此处酿造好酒提供了天然条件。上等粮和优质水是酿酒作坊诞生最不可或缺的元素，宝生泉、公利、富顺成等 11 家烧锅的诞生，为牛栏山酿酒业打开了飘香之门，使其成了二锅头酒文化的源头。

（二）牛栏山酒的酿制

牛栏山镇地处土地肥沃的燕山脚下，东临潮白河，地下水水源丰富，水

质好，适宜酿酒。因此，自古以来牛栏山镇的酿酒业就十分发达。牛栏山地处北纬40°00′~40°18′，东经116°28′~116°58′，气候湿润，光照充足，年平均气温为11.5 ℃，年日照2750小时，年均相对湿度50%，年均降雨量约625毫米，为华北地区降水量较均衡的地区之一。独特的燕山山间气候为微生物的生长繁殖、培育提供了极为有利的条件，形成了牛栏山二锅头具有本地特色的微生物群系，活跃了牛栏山的水质，特别适合酿酒。“水为酒之血”，从现代酒水酿造科学来看，好水是酿得好酒的先天条件。水是一种极好的溶媒，对酿酒的糖化快慢、发酵的良差、酒味的优劣，都起着决定性的作用，任何后期酿酒技术的弥补都难比初酿时那一瓢入酒原汁。优质好水的清新甘美能够点化酒的不凡气韵。牛栏山二锅头酿造用水取自水质上佳的潮白河。

“粮为酒之肉”，粮是酿酒的基础，在交通不便的古代更是如此。牛栏山镇土地肥沃，位于潮白河冲积扇区下段，土壤中累积了丰富的自然养分，是北京地区优质高粱等农作物最适宜的生长地区之一。牛栏山镇所在的顺义区素有“京东第一大粮仓”和“小乌克兰”之称。

牛栏山二锅头酒以精选优质高粱和小麦等为原料，纯粮固态发酵酿造，采用有序传承的传统酿造艺，这才酿造出牛栏山二锅头纯正的独特口味。牛栏山二锅头的发酵仍沿用古老的“地缸”发酵法，恪守传统的“清蒸清烧”酿造工艺。从润料、糊化到入池发酵，十多道传统工艺，下足精致工夫，充分保证了地道二锅头之清、香、爽、净。“二锅头”酒实际上是因酿酒工艺而得名，即是百姓常说的“蒸酒时掐头去尾保持中段”而得名。清朝时蒸酒使用天锅，由甑锅和釜锅两部分组成，首先在甑锅内撒放发酵好的酒醅，然后在釜锅内注入凉水，甑锅加热后由酒醅变成的酒气与釜底凉水相遇，就凝聚成酒。然后是多次反复，而每次反复所冷凝出的酒，香气和口感都有明显区别。因第二次冷凝出的酒既口感平和又香气醇厚，所以颇受人们的欢迎，俗称“二锅头”。

牛栏山二锅头，二锅头之宗。二锅头作为京酒的代表，已有800多年的历史。京师酿酒师蒸酒时，去第一锅“酒头”，弃第三锅“酒尾”，“掐头去尾取中段”，唯取第二锅之贵酿。牛栏山二锅头，宗气一脉相传，于2002年9月4日荣获“国家二锅头原产地认证”。

（三）牛栏山酒的特点

牛栏山酒厂始终坚持民酒定位，坚守好酒品质，服务大众消费，主导产品有“经典二锅头”“传统二锅头”“百年牛栏山”“珍品牛栏山”“陈酿牛栏山”五大系列。早在2006年10月，经中国酿酒工业协会专家评定，牛栏山二锅头就已经被认定为中国白酒清香型（二锅头工艺）的代表。牛栏山二锅头因其独特的地理环境，独具口味甜、入口柔和、劲儿大而不上头等显著特点，颇受消费者的青睐。

八、红星二锅头

红星企业成立于 1949 年。作为开国献礼酒的酿造者，红星是著名中华老字号企业和国家级非物质文化遗产保护单位，同时也是新中国第一家国营酿酒厂以及将“北京二锅头”这一技艺名用作产品名的开创者。为了能让中华人民共和国成立初期生活水平普遍不高的中国大众都能喝上纯正的二锅头酒，国家规定红星二锅头酒的价格不得过高。所以，红星自问世以来，所生产的十余种产品都属于低价位酒。北京红星股份有限公司位于北京市怀柔区红星路 1 号，成立于 2000 年 8 月 29 日，其主发起人为北京红星酿酒集团公司。

（一）红星二锅头的起源

二锅头酒是京城酒文化的典型代表，已有 800 多年的历史。它是由烧酒发展而来的，明代北京志中提到过“京师之烧刀与棣之纯棉也”。京城酿酒技师在蒸酒时将第一锅流出的酒头去掉，第三锅流出的酒尾也去掉，取第二锅流出的中段酒，这被称为“掐头去尾截取中段”工艺，二锅头便因此而得名，是我国最早以工艺命名的白酒，是我国酿酒史上的一个里程碑，几百年来被继承发扬并流传至今。

1949 年 5 月，经中央人民政府批准，红星收编了老北京著名字号“龙泉”“同泉涌”“永和成”“同庆泉”等十二家老烧锅，继承了北京几百年的酿酒工艺。“北京红星”为了迎接新中国诞生，于 1949 年 8 月生产第一批红星二锅头酒，9

月投放市场。产品一上市便因其醇厚甘洌的品质深受广大群众的喜爱，被誉为“大众名酒”。

新中国成立以来，红星一直高擎“味儿”大旗，无私地承担着京味文化发扬者的责任。在北京二锅头酒的发展历程中的每个关键时期，都闪耀着红星二锅头的身影，可以说红星的历史就是二锅头酒的历史。

（二）红星二锅头的酿制

以北方红高粱为原料。高粱被誉为“五谷之精，百谷之长”，自古以来便是酿酒的好材料。二锅头的特点之一便是采用优质的北方红高粱为原料。和南方的糯高粱相比，北方的红高粱属于粳高粱，淀粉含量更高，更容易出酒。

独特的二锅头工艺。“老五甑发酵，混蒸混烧，掐头去尾，看花接酒”，这是独特的二锅头工艺的“十七字诀”。由于分三次取酒，可把杂质过滤掉，酒中乙醛、高级醇的含量低，口感舒适，酒后不上头。

适宜的自然环境。二锅头的特点还表现在它很“恋家”。二锅头酒是北京地区的特产酒，而且基本上只能在北京酿制，因为这里有合适的气温、水脉等。如果把二锅头的酒曲拿到国外，即便是正宗的二锅头工艺，也无法酿制出二锅头酒。

（三）红星二锅头的特点

红星二锅头酒包括国粹系列、京味系列、时尚系列红色系列、喜庆系列等各类二锅头酒，有清香型、浓香型产品，酒精度为 38、43、46、50、52、53 度等。

一方水土一方酒，二锅头酒是北京地区的特色名酒，已成为一张闪亮的北京名片，在全国范围内广受认可，它的特点是不可忽视的。红星二锅头甘烈醇厚，价位低廉，受到消费者始终不变的青睐，因此也成了“大众好酒”的代名词。几十年来，红星品牌下的各种低价位产品始终保持着高销量，一直稳坐北京地区低端白酒市场的第一把交椅。

热烈的口感。二锅头酒给人的第一感觉是“辣”，因为二锅头酒的度数一般较高，喝起来便有些辣，后劲十足，三杯、五杯后酒劲便能冲上来。不过，现代人逐渐喜欢绵柔口感的酒，二锅头酒也在做调整，将热烈蕴含于绵柔的口感之中。

低价优质。二锅头酒是“民酒”“大众酒”，因此价格很实惠，民众甚至花几元钱便可美美地喝上一顿。不过，二锅头的特点是，虽然价格实惠，但品质并不差，和汾酒并列为清香型白酒的代表，清香芬芳，醇厚甘洌。

九、天津津酒

天津津酒酒业集团有限公司是天津市最大的白酒酿造企业，坐落在历史悠久的天津市红桥区，这里孕育了天津早期的商业，“津门三绝”中的两绝——狗不理包子和耳朵眼炸糕，即是自红桥区起家的。津酒集团是我国酿酒行业的骨干企业之一，是一个工艺全能，设备完善，酿酒、灌装、仓储、经营、管理能力综合平衡的规范型酿酒企业，被评为“中国白酒行业 50 家最佳效益企业”，通过 ISO9001 质量管理认证，连续被评为“中国白酒工业百强企业”“中国白酒工业十大区域优势品牌”，获得“中国驰名商标”“纯粮固态发酵酒”“原产地标记准用证”，并于 2010 年荣获“中华老字号”称号。

（一）天津津酒的起源

天津著名史学家罗澍伟先生曾为《沽韵酒香图》题跋曰：“郡城东南大直沽，乃天津最早之聚落，肇始宋金，酿酒兴于元，盛于明清，发展于现代；一九五一年各家烧锅合组为天津酿酒厂，选址丁字沽。”

天津津酒集团有限公司是天津最大的白酒酿造企业，公司前身就是天津酿酒厂，1951 年由国家投资，1953 年投产，当时占地面积为 96150 平方米，成为当时华北地区唯一列入国家重点项目的酿酒企业。由于经营规模不断扩大，于 1999 年经天津市政府批准以天津酿酒厂为母体，组建津酒集团。建厂初期，企业主要生产 65 度烧酒和直沽高粱酒，并为“外食”提供基酒，配制五加皮、玫瑰露酒等，以满足出口需要。

（二）天津津酒的酿制

在天津人民心中，“津酒”代表着醇正的天津味道。津酒的酿造工艺独特，口味醇正，工艺精湛，采用优质大米、糯米、高粱、小麦、玉米、水等经控温发酵、工艺窖藏储存而成。

津酒集团秉承“酿高质酒、做高尚人，永远追求新目标”的传统人文精神，奉行“内作团队，外做服务”的经营理念，着力在产品质量上严格把关，遵循ISO9000 质量管理体系，有效保证企业产品质量的稳定提高，并将质量控制工作的重心放在了量化管理上，创建了一整套“3+3+1”的质量管理金字塔体系。第一个“3”即三级检验，班组、车间、公司、对产品的理化指标进行检验，确定理化指标合格；第二个“3”即三次品评，在分级入库、半成品及成品出厂三阶段，由公司级、市级、国家级品酒员进行口品，确保口味、风格统一；“1”则是指“质量第一”，不符合国家质量标准的产品一律不允许出厂，确保消费者的利益。不断创新的产品和稳定的产品质量提升了产品的美誉度。正是由于多年来企业视创新为灵魂，视质量如生命，从基础酒的生产到成品酒的灌装都严格执行国家标准，才使产品出厂合格率和市场抽查率始终保持在 100%。在提高产品质量的同时，企业通过不断改进生产技术，逐步将绿色生产理念引入生产的各个环节，在原料选取、生产加工、废料处理等方面引进绿色生产工艺，进一步实现“绿色经济”和“可持续发展”。在提高产品质量的同时，产品内外包装也不断升级，更加时尚、更加符合当代人的审美标准。

（三）天津津酒的特点

“津酒”的品牌文化始于津门文化，是津门文化不可缺少的一部分。天津建城之前名为“直沽寨”，直沽高粱酒便由此得名。直沽高粱酒是北方清香型酒的代表之一，其酒清洌爽净，度数较高，属烈性白酒，代表的平民文化丰富繁杂。而“津酒”自问世以来的定位就是中档，目前主要在高端发展，已成为天津酒的中高端代表，香气淡爽典雅舒适，诸味协调，回味悠长，与之对应的是贵族文化，是直沽高粱酒文化为适应市场需要自然延伸下来的，其本质是一样的，即“津味”的酒文化。

津酒具有醇厚幽雅的芳香，醉人心扉，其口感醇和柔顺，入口绵长，回味甘甜，后尾干净，余味爽口，幽雅细腻，空杯留香，醇香悠长，是北派绵雅浓香酒的代表。

十、衡水老白干

衡水老白干自古享有盛名，由河北衡水老白干酿酒（集团）有限公司生产，是河北的地方名酒之一。衡水老白干拥有 1800 多年的历史，曾因 1915 年获巴拿马万国物品赛大奖章而扬名世界。2004 年，衡水老白干酒被国家工商管理总局认定为“中国驰名商标”，成为享誉全国的驰名品牌；同时老白干香型也通过了国家标准委员会的认定，使衡水老白干酒在中国白酒之林中独树一帜，引领了中国白酒的一个流派；2005 年集团被国家旅游局批准为全国工业旅游示范点；2006 年衡水老白干酒被国家商务部认定为首批“中华老字号”；2007 年通过“纯粮固态发酵白酒”标志审核；2008 年衡水老白干酒的酿造技艺被文化部认定为“国家级非物质文化遗产”。

（一）衡水老白干的起源

明嘉靖年间，衡水县城已有 18 家酒作坊，其中尤以“德源涌”的名气最大。嘉靖三十二年（公元 1553 年），为了交通便捷，滏阳河上要修建“安济桥”，建桥的工匠们常到“德源涌”聚饮，称赞该白酒“真洁、好干”。后经人们长

期传颂，该酒得名“老白干”。所谓“老”，是指历史悠久；“白”，是指酒质清澈；“干”，是指酒度高，达 67 度。又因衡水人习惯称“安济桥”为“衡水老桥”，“衡水老白干”的美名便自此流传开来。1946 年衡水解放后，冀南第五专署会同衡水县政府采用购买的办法将当时衡水仅有的 16 家私人作坊收归国有，成立了地方国营衡水制酒厂。经过几十个春秋的发展，河北衡水老白干酿酒（集团）有限公司现已发展成为跨行业、跨地区，集科、工、贸一体的大型企业集团。

（二）衡水老白干的酿制

衡水老白干酒的酿造历史源远流长，据文字记载可追溯到汉代，正式定名于明代。衡水老白干酒的传统酿造工艺世代流传。

衡水老白干酒以优质高粱为原料，纯小麦曲为糖化发酵剂，采用传统的老五甑工艺和两排清工艺，地缸发酵，精心酿制而成。今天的衡水老白干人在秉承传统酿造工艺的同时，不断研究探索与完善，确立了一套完整的工艺，使产品质量日臻稳定，从而使衡水老白干酒因其典型风格与浓香型、酱香型等白酒共立于中华酒林。

“特制老白干”系列选用当地优质高粱为主料，用精选小麦踩制的清茬曲为糖化发酵剂，以新鲜的稻皮清蒸后作填充料，采取清烧混蒸老五甑工艺，低温入池，地缸发酵，酒头回沙，缓慢蒸馏，分段滴酒，分收入库，精心勾兑而成。贮存期一般在半年以上。

（三）衡水老白干的特点

衡水酒素有“隔墙三家醉，开坛十里香”之誉。衡水老白干的独特生产工艺造就了酒的芳香秀雅、醇厚丰柔、甘洌爽净、回味悠长的典型风格，其酒闻着清香， 浓而不烈，入口甜香，饮后余香，绵软不淡，回味悠长。其酒精度有 39、42、58、67 度等。

衡水老白干从产品特性上看，拥有 67 度的巅峰高度，口感却依然清香和谐、甘醇绵甜，这在同行业中是绝无仅有的，而由“醇厚深邃”演绎出的个性化特征更是独树一帜。

十一、张弓酒

河南省张弓酒业集团有限公司（原河南张弓酒厂，2003 年由河南东方企业托管公司收购改制为民营股份制公司）坐落在河南商丘市宁陵县张弓镇。张弓酒业集团现为国家大型一档企业，占地面积 31 万平方米，年生产曲酒能力为 5 万余吨，是中国著名酿酒厂家。张弓系列酒曾蝉联第四届、第五届全国白酒评比银质奖，荣获阿姆斯特丹第三十届纪界金奖及国家、省部级质量金、银奖 30 多项。曾荣获“中国驰名白酒精品”“口感最好的中国白酒”称号。2004 年又以综合、专家评价第一名荣获“河南名牌产品”，同时荣获“河南省安全食品”“河南省免检产品”等多项荣誉称号。“张弓牌”商标为河南省著名商标。

（一）张弓酒的起源

张弓酒始于商，兴于汉，盛于今，具有悠久的历史渊源和丰富的文化内涵。商初，在葛城南约四十里处的一古老村寨中有位勇士，名叫张弓。此人忠勇侠义，为保卫国家，主动戍边御敌。家中的新婚妻子，忠贞贤惠，因时时惦念千里之外的丈夫，每逢吃饭时都要盛出一碗，郑重地放在桌上，摆上筷子，就像丈夫在家时一样，以示眷念。饭后，她又不忍心将其扔掉，就放在瓮里，时间长了，竟积攒了满满一大瓮。张弓抗敌得胜，荣归故里，夫妻团圆，妻子向他叙说离别相思之苦，并拉他去看瓮中饭食。张弓被妻子的深情厚谊所感动，表示一定要尝尝瓮中的饭食。于是妻子下厨给他重新蒸煮瓮中饭食。从蒸笼里流出来的水散发出浓郁的香味。张弓一尝，甘爽清冽，醇香可口。于是，他连饮满满两大碗，沉沉睡去，但见其面带红晕，出气均和，只是呼而不醒，妻子焦急万分。两天后，张弓醒来，舒展身体，感到浑身通泰，连声赞好。远亲近邻得以尝之，均称美物，以后便如法炮制。地方官吏将其作为珍稀贡品进贡商王，商王赐名“张弓酒”，赐该村为“张弓村”。

（二）张弓酒的酿制

张弓酒以优质高粱为原料，以小麦、大麦混合制曲为糖化发酵剂，通过固体发酵，精工酿造出优质基础酒，然后加浆降度，冷冻过滤。张弓酒的主要工艺特点为：混蒸、续渣、老五甑、泥窖、固态发酵。配套的工艺有：高温润糁、清蒸辅料、合理入池、低温流酒、量质摘酒、严格分级。

从微生物区系角度来分析，张弓镇有适合酿酒的环境。张弓酒始于殷商，兴于汉代。张弓镇曾经作坊林立，酒幌飘动，酒气升腾，有“无风香三里，有风十里香”之说。近几十年来，张弓酒厂兴旺发达，在不断的生产过程中，经过长期的自然淘汰、驯化、优选，在曲室、厂房、地面、空气、工具等场所，形成了特定微生物菌系。众所周知，酒的酿造和酒中香味成分的形成都是微生物代谢的结果。因此，张弓酒风格的形成得益于这一特殊的环境。在窖池和窖泥方面，张弓酒引进“国窖”优良菌系，进行科学合理的窖池养护，形成了有利于生成主体香乙酸乙酯—己酸菌等生香菌生长的环境。

张弓镇有肥厚的土壤、纯净优良的水质。张弓镇地处古运粮河岸边，这里土质肥沃，适于作物和各种微生物的生长，地处乡村，附近无污染源。张弓酒的酿造及勾兑用水取自地下 1000 米深处，经检测其电导为 700S，为一般井水的六成，水中的钙、镁、铁离子较低，用此水酿酒可减少窖泥中乳酸钙、乳酸铁的含量，从而提高酒质。

（三）张弓酒的特点

张弓酒是北方浓香型“黄淮酒”的代表之一，也是河南省的特色产品之一。张弓酒酒色清亮，微黄透明，窖香浓郁，绵甜协调，醇厚丰满，回味悠长，高度酒高而不暴，低度酒低而不淡。酒体色香味俱佳，整体协调和谐。饮后口不干，头不痛，不宿醉。张弓酒现有高、中、低档和内部用酒几大系列产品，品种 40 多个，能满足社会不同层次、不同消费者的需求。

十二、稻花香酒

湖北稻花香酒业股份有限公司坐落在举世瞩目的长江三峡大坝东侧，水电之都宜昌市东大门——夷陵区龙泉镇，是稻花香集团的核心企业，现拥有总资产80多亿元，员工2600余人，总占地2000多亩，是一家以生产稻花香系列白酒为主的股份制企业，也是湖北省最大的白酒生产基地。2014年2月，公司获得国家发明专利，2014年4月通过省科技成果鉴定，2014年11月获得中国食品工业协会科学技术进步二等奖，并先后获“中国食品工业百强企业”等多项荣誉。现在稻花香集团旗下已有“稻花香”和“关公坊”两个全国驰名商标。

（一）稻花香酒的起源

《水经注·江水》云:“江之左岸有巴村，村人善酿，故俗称巴乡清郡出名酒。”土家人继承其先民巴人的饮酒习俗和酿酒技艺，并加以发展，形成了精湛的酿酒工艺。《长乐县志·习俗》上有：“邑惟包谷酒，上者谓堆花酒。”

“酿成千顷稻花香，夜夜费、一天风露”，这是南宋词人辛弃疾写下的著名词句。1992年9月，著名书法家姜秉彝老先生借鉴词中的“稻花香”为酒命名，稻花香酒即得名于此。稻花香人更是将辛弃疾的名句“稻花香里说丰年” 演绎为“求实、求变、求新”等深具时代内涵的现代企业文化，得到了社会各界的广泛赞扬。

（二）稻花香酒的酿制

稻花香酒用封闭式管道将法官泉的矿泉水引进厂内用于酿酒。法官泉水库的地下泉水是原国家地质矿产部136号优质矿泉水，方圆数十公里内没有任何污染源。经国家卫生部、地矿部“国家饮用天然矿泉水评审部”专家鉴定，法官泉的水无污染，符合饮用水天然矿泉水国家标准，含有锶、钙、锌等多种对人体有益的微量元素，水质酸碱度平衡，是酿酒不可多得的水资源。优质的矿泉水口感醇甜甘润，本身是酒的重要组成部分，使酒具有醇甜感。

经过多年的探索与实践，稻花香系列白酒形成了独特的酿造工艺技术和完善的产品质量保证体系。稻花香酒是吸取传统五粮酿造工艺之精髓，选用优质红高粱、小麦、大米、糯米、玉米为原料，以独特的“包包曲”为糖化发酵剂，取优质矿泉水，采用传统的混蒸、混烧、泥窖发酵工艺精心酿造，长期贮存，精心勾调，精心包装而成的浓香型白酒。稻花香系列白酒正是吸取了多种粮食之长，形成了自己的特色。稻花香酒在酿造过程中所选的粮食都是粒大均匀、颗粒饱满的，要经过滤筛工艺处理，才能进入酿造环节。以红高粱为例，必须先用打米机蜕掉外壳，去掉高粱粒上的一层薄皮，因为薄皮中含有的单宁物质容易产生涩味而影响白酒的口味。在五谷中，红高粱产的酒香浓，大米产的酒净爽，糯米产的酒醇厚，小麦产的酒劲冲，玉米产的酒甜绵，因此能够适应大众的多种需求。这些不同的粮食通过微生物的发酵和生化作用，会产生不同的微量芳香成分，赋予酒不同的风味特征。因此，稻花香酒吸取了五粮之精，自然“先天充足”，微量成分丰富，酒味全面，加之原料配比科学，便形成了稻花香酒独特的风格。这是单一粮食酿出来的酒无法比拟的。

稻花香藏酒洞位于世界公认的最佳酿酒和储存酒的北纬 30 度地带，洞内恒温恒湿，可以促进各种有益菌体的生长和稳定，让酒体的二次发酵至臻完美。

（三）稻花香酒的特点

法官泉的泉水是形成稻花香酒窖香浓郁、醇厚、甘甜、净爽风格的重要因素，使稻花香酒好下喉、不口干、不上头，适量饮用，有益健康。

稻花香是浓香型白酒，产品具有清澈透明、醇厚绵甜、协调净爽、回味悠长之特点，质量达到国家标准，得到了许多著名白酒专家的充分肯定，专家们品评后认为稻花香酒具有“多粮型、复合香、陈酒味”的显著特点，能够将专家口感与消费者口感有机结合、浑然天成。

稻花香历时四年科研攻关，采用糖化上箱、高温连续堆积、泥窖发酵等主要工艺技术，于 2013 年首次酿造出了陈雅香型白酒，其产品具有“色清透明、芳香幽雅、醇和圆润、酒体丰满、香味协调、爽净悠长”的特点。陈雅香型白酒的酿造工艺、酒体风格特点在行业内均属首创，是以工艺的创新实现了白酒香型的创新。

十三、老龙口

“老龙口”至今已有300多年的悠久历史，沈阳天江老龙口酿造有限公司是沈阳老字号企业，是“中华老字号”，其产品曾荣获“第29届布鲁塞尔国际博览会金奖”“全国国货精品消费者最满意奖”“轻工部酒类大赛银杯奖”；获辽宁省、沈阳市消费者公认品牌产品26项，连续多年荣获辽宁省、沈阳市名牌产品和著名商标称号。2008年“老龙口”青花龙酒和一帆风顺酒被确定为供奥食品；2009年“老龙口”雕花龙酒、青（红）花龙酒被确定为全国第十一届运动会辽宁体育代表团专用酒；2010年“老龙口”陈酿系列年份酒被确定为辽宁省市政府接待用酒。

（一）老龙口的起源

相传在康熙元年，山西太古县一个叫孟子敬的人，因故乡三年大旱，逃荒闯关东来到了沈阳，即当年的盛京皇城，在城东小东门外买了一处地，建起了义隆泉烧锅。他将山西老家的酿酒秘方，结合东北的高粱和沈阳城东的天然好水，酿出了一窖高品质的美酒。此消息不胫而走，传进了朝廷。因酒坊坐落于皇城的东门，那里被称作龙城之口，因而御封得名“老龙口”。在古代，历朝历代除了御封，民间的任何东西都不得冠以龙名，可见这一款酒一面世，就一鸣惊人。那时候老龙口所酿之酒多贡奉于朝廷，曾作为康熙、乾隆、嘉庆、道光四帝十次东巡盛京时的御用贡酒，因而获得了“大清贡酒”之美誉。

（二）老龙口的酿制

1. 利用微机优化组合，设计骨架成分

目前国内的白酒消费市场以浓香型白酒为主流，但同类、同质化倾向明显，个性化产品少，要适应当前白酒消费者饮酒嗜好的转变，创造区域品牌，应设计具有特色风格的产品。业内人士都知道，白酒的香味特征和香味成分比例关系不同，酒的口味也不同；不同地域、不同工艺、不同原料生产的白酒，其香味成分特征各不相同，因此有“一方水土，一方人；一方水土，一方酒”之说。老龙口对用不同生产工艺酿成的各级别白酒和各种调味酒进行色谱分析、理化分析，然后将其数据输入微机，利用微机进行模拟勾兑，优化组合色谱骨架成分，选出5组优秀的配方进行小样勾兑，存放30天，待酒体相对稳定后进行编号，由品酒委员品评，从而设计产品的骨架成分。

2. 利用微量复杂成分，构建自家风格

老龙口采用的酿造工艺、制曲方式属于浓香型白酒工艺，但因受北方的地

理生态环境影响，微生物菌群状况不同，所生产出的酒的风格与其他浓香型白酒的风格有所不同，其感官突出、窖香幽雅、醇甜甘洌，有略带芝麻香的特点。

3. 提高原料的清洁度

老龙口的所有投料和浸米用水均为清洁水，以减少其他细菌的数量。麦曲也讲究清洁，不能有杂质、异物、污物，减少从配料中渗入其他细菌。

4. 协调三边发酵平衡

三边发酵平衡是指酵母菌和有益乳酸杆菌（细菌）能够在一个较长时间内，协同作用，并从糖化中持续获得足够的营养，迅速、大量地生长繁殖和持久地发酵，产生高浓度酒精、适量的有机酸、累积乳杆菌素、降低和维持低 pH 值，从而抑制有害菌的侵袭，也抑制有益乳酸杆菌细菌自身的产酸量。

（三）老龙口的特点

“老龙口”的主导产品有三大系列——青（红）花龙系列、御酒系列和大白龙系列，有 200 余个品种，属浓香型白酒。老龙口酒陈香幽雅、醇甜甘爽、后味微有芝麻香的感觉，具有较好的风格特征，但需要进行调味修饰，香气要突出陈香，后味要突出芝麻香。这种陈香幽雅，略带芝麻香口味特征的酒体是老龙口品牌白酒的特色。

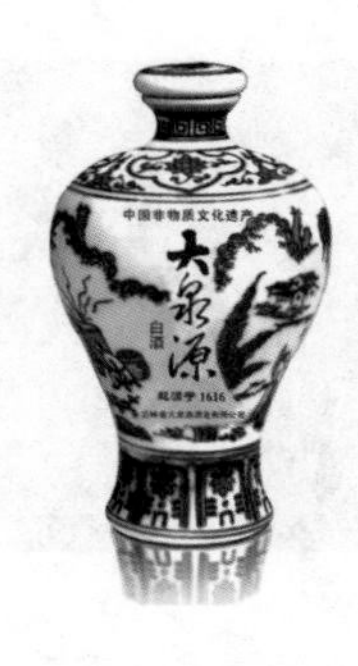

十四、大泉源

大泉源酒业公司位于吉林省通化县大泉源乡，经历了私营、国有、租赁经营、民营等四个发展过程，历尽沧桑，经久弥香，屡创佳绩，培育了关东酒文化中的一朵奇葩。2005 年公司发现的木制酒海群，因其在酿酒历史和酿酒工艺中的特有价值，被确定为国家文物；2006 年大泉源酒业公司被中国酒文化评选委员会评为“中国酒文化百年老字号企业”和“中国酒文化百强企业”；2008 年国务院把“大泉源酒酿造技艺”列入国家级非物质文化遗产名录；2012 年“大泉源及图形”被国家工商总局定为“中国驰名商标”； 2013 年大泉源“清宝泉涌酒坊”被国务院批准成为全国重点文物保护单位，一项项荣誉见证了大泉源的成长。

（一）大泉源酒的起源

大泉源酒，吉林省通化县特产，因产于该县大泉源乡而得名。大泉源酒的酿造历史始于明末清初女真部落在这里设立的烧锅，后因其酒品甘爽绵甜，被努尔哈赤钦定为御酒；清朝历代皇帝也把大泉源烧锅酒定为贡品。清康熙、乾隆、嘉庆、道光四朝皇帝东巡到兴京（今辽宁新宾县）、盛京（今辽宁沈阳市）时都征调大泉源烧锅酒御用。1884 年，御用烧锅扩建，清兴京府因老烧锅有御用之功劳，为扩建的酒坊定名为“宝泉涌”。1939 年，因宝泉古井，酒坊所在地被定名为大泉源，大泉源酒也因此而得名。

（二）大泉源酒的酿制

大泉源酒保持了古井矿泉，纯粮酿造，固态发酵，酒海贮藏的中国非物质文化遗产酿造技艺，酒的品质优异。

1. 优质水源——古井矿泉

酿造大泉源酒所用的水取自被誉为“关东第一泉”的大泉源古井（深井）。经国家地矿部鉴定，古井泉水是含氡、锶、锌、偏硅酸等多种有益微量元素的重碳酸钙镁型天然优质矿泉水。大泉源酒 100 多年来就是依靠这独特优质的矿泉水资源而闻名于世的。

2. 精选原料——纯粮酿造

大泉源酒全部采用优质的大红高粱酿造，精选产自东北大平原白城、辽南等地，颗粒饱满、色泽鲜艳、质地纯正的优质高粱做原料，产品质量有保障。

3. 传统工艺——固态发酵

大泉源酒坚持传统的固态发酵工艺，即将高粱粉碎后，加进母曲入窖发酵，

达到相应期限后蒸馏出纯粮烧酒。期间对温度、酸度、淀粉浓度、水分含量、入窖时间都要进行严格把控。

酿造使用中温大曲作为糖化发酵剂。以小麦为原料，粉碎细度达到通过 20 目筛孔的细粉占 30%。曲料加水拌均匀，水分控制在 36%~38%。踩曲时，曲块大小为 33cm × 20cm × 5cm。入房培养顶火温度 46℃，整个培养过程 30 天，水分在 15% 以下，糖化力 400 以上。成品曲入库贮存 3 个月以上方可投入使用。

4. 酒海储存——酒海贮藏

酒海是关东古时贮藏酒的传统器具，因储酒量大，故称“海”。酒海是用红松木板经传统工艺卯榫咬合制成柜状，内壁用桑皮纸以鹿血、鸡蛋清等为黏合剂裱糊而成。这种原始的贮酒方式有利于酒的酯化。

大泉源酒业的木制酒海群是全国数量最多、保存最完好、利用率最高的，是传统酿酒工作的重要组成部分，已被鉴定为文物。大泉源酒业是全国唯一用文物酒海储酒的厂家，用木制酒海储存原酒，使酒质更醇厚、风味更清香、口感更醇和、回味更悠长。

（三）大泉源酒的特点

大泉源酒历经十几代人薪火传承，坚持古井矿泉、纯粮酿造、固态发酵、酒海贮藏的传统酿贮方式，造就了大泉源酒不刺喉、不上头、优雅细腻、香浓、味净的风格。经久不变的品质，彰显了不凡的气度和成熟的韵味。大泉源酒的感官特点：酒体清亮透明，清香较纯正，略带陈香、焦香、糟香，入口柔顺、绵甜、余味爽净，风格独特。

张作霖任东三省巡阅使期间，曾造访“宝泉涌”酒坊，并在当地用餐饮酒，席间他连干三碗大泉源酒，诗兴大发：“关东美酒喝个遍，好酒还数大泉源，人生奋斗几十年，大泉源酒永相伴。”称大泉源酒为“关东王酒”。抗日战争时期，大泉源酒多次被无偿提供给将士们御寒。1936 年 10 月 13 日，杨靖宇将军在大泉源乡张家街打了一场漂亮的伏击战，当地群众送去大泉源酒以慰问将士。杨将军饮酒后赋诗称赞大泉源酒：“宝泉出佳酿，香醇赛杜康”。

十五、富裕老窖酒

黑龙江省富裕老窖酒业有限公司的“桂花”白酒，是黑龙江著名的中华老字号。企业拥有自己独立的注册商标，其中“桂花”“富裕”“富裕老窖”三个商标是黑龙江省著名商标，“桂花”牌是中国驰名商标。富裕老窖酒系列是黑龙江省富裕县的特产。富裕老窖酒业有限公司拥有自主知识产权的酿酒工艺，是黑龙江省非物质文化遗产。公司先后荣获“中国优质白酒精品”“二十一世纪示范新产品”“黑龙江省优质”“黑龙江省名牌产品”等荣誉称号。在全国同行业名优产品大赛中，芝麻香型产品荣获芝麻香型第一名，被授予“全国酒类产品质量安全诚信推荐品牌”称号。浓香型产品荣获浓香型第二名，浓酱兼香型产品荣获浓酱兼香型第三名。2011 年，富裕老窖绿色食品“东方巨龙”酒在全国白酒评比中荣获第四名，被授予“中国白酒技术创新典范产品”称号。近年来，富裕老窖酒先后被省、市、县政府确定为政府专供招待酒，在消费者中享有很高的知名度和美誉度。公司还荣获“世界名酒名饮协会中华名酒名饮澳门博览会金奖”，美国“全美第 58 届食品博览会金奖”等国内外多项殊荣。

（一）富裕老窖酒的起源

富裕老窖酒真正形成于民国四年（1915 年），由富裕县宁年驿站“站人”杨贵棠兴办的酿酒作坊“小�”，逐渐发展成为“鸿源涌烧锅”；民国三十四年（1945 年），改名为“同源涌”；民国三十五年（1946 年），“同源涌”更名为宁年酒厂，公私合营，后改为国营富裕县制酒厂；1973 年，产品定名富裕老窖；2001 年，改制为股份制企业富裕老窖酒业。《黑龙江酿酒工业发展史略》记载：“富裕老窖是 1972 年用 28 个小窖开始试制，1973 年正式投产，产品定名富裕老窖。用的是麸曲糖化剂，以麸曲生产优质浓香型酒，在全国是首家。”

（二）富裕老窖酒的酿制

富裕老窖酒业先进的酿造工艺，一流的微机勾调技术，完备的质量检测和保证体系，专家级的高素质人才队伍，与黑龙江大学联合研发的科研实力，与黑龙江省农科院合作的科学育种和田间管理的原料基地，专业的营销队伍、策划团队和高素质的员工队伍，为企业的发展提供了强大动力和技术保障。公司积极倡导生态酿酒，打造绿色白酒品牌，探索产学研结合、院企联合的产业化发展模式。2005 年，公司同黑龙江省农科院合作，选择“龙糯 1 号”高粱作为酿酒原料，不仅提高了出酒率，而且带动了农民增收致富，促进了地方经济发展；实现了酿酒用粮基地化、基地建设规模化、基地管理标准化，保证了食

品安全和原料供给，通过举办校企和院企合作系列活动，成功打造了“黑龙江省生态酿酒”的新模式，极大提高了企业的知名度和美誉度；培育了北方独有的高寒糯高粱酿酒专用品种，建立了绿色原料生产基地，自主创新了“生物工程技术 + 绿色原料基地 + 生态典范产品”的研发模式。

桂花系列酒具有得天独厚的地理环境：东眺五大连池，南接扎龙自然保护区，西临嫩江流域，北靠尼尔基水库，创造了富裕老窖甘甜纯美的产品魅力，打造了“绿色、生态、健康、安全”食品酿酒体系。

富裕老窖酒作为浓香型酒，其工艺技术既取诸家之长，又具自家独到之处。“一种高粱、两种曲霉、三种酵母、五个除杂、七个增香、低湿足水、长期发酵、分层蒸烧、按段取酒、分质保管、合理贮存、精心勾兑、质检出厂”的工艺技术路线，赋予了富裕老窖“香、甜、顺、净”的品质。

全国著名白酒专家高明月多次到富裕老窖酒厂考察指导，为富裕老窖题诗：“糯高粱，酿琼浆，泥窖长酵熬清酱，万家酒飘香。适量饮，益健康，经济发展民族旺，工农奔小康。”

（三）富裕老窖酒的特点

富裕老窖系列酒包括浓香型、兼香型、芝麻香型、营养型、清香型五大系列，百余种白酒产品，其产品的主要特点是：无色或微黄、清澈透明、无悬浮物、无沉淀；窖香浓郁，以浓香为主体，带有芝麻香的复合香气、幽雅馥郁；酒体丰满、纯正舒口、甘美清爽、入口芳馥、圆润绵甜、尾净余长；饮时不刺喉，饮后不上头，回味有余香。

十六、古城酒

古城酒厂位于新疆维吾尔自治区昌吉回族自治州奇台县东风北街，曾从一家私人作坊发展成为疆酒的领跑者，成为县域经济文化发展的参与者和见证者。新疆第一窖古城酒业有限公司先后荣膺“中华老字号”“中国驰名商标”“中国历史文化名酒”“中国文化名酒”“中国文化复兴名酒”“国家级工业旅游示范点”和“国家AAA级旅游景区”等多项殊荣。公司着力为打造“新疆第一文化名酒”，精心研发的46度古城淡雅口杯酒、古城酒壶套盒荣获“新疆礼物”旅游商品称号。

（一）古城酒的起源

新疆第一窖古城酒业有限公司是新疆白酒业和酒文化的发源地，具有700多年的酿造历史。据史料记载，明永乐初年（1403年），持节大臣陈诚所著的《西域番国志》中就有奇台一带“间食米面，稀有菜蔬，小酿酒醴”的记载。可见当时，今奇台县内就有了酿造和饮用酒的记载。据《奇台县志》载，清代乾隆中期（1746年），奇台市场繁荣，人丁兴旺，工商业发达，酿酒业发展很快。到清咸丰年间，古城已有段氏在县城东大街市口开永生泉酒作坊，罗氏开大生泉酒作坊，晋人张氏在北斗宫开设杏林泉酒作坊，生意兴隆，远近闻名。南来北往的商人旅客，东去西来的车队驮夫，纷纷以茶、布、皮、毛以货易货，遂使古城烧酒迅速外销，西运迪化、伊利、塔城，南出吐鲁番、鄯善，东至哈密、巴里坤，北至阿尔泰、蒙古。

由于“杏林泉”等3家烧房工艺好，原料足，销路广，利润高，于是吸引了大批山西人拥进北斗宫，他们盘亲结友，拉众集群，请会借贷，短时间内形成了一个开烧坊的高潮，先后开张的烧房有得胜昌、万裕隆、永兴泉、义兴和、宝兴泉、大醴泉等。这样，弯弯曲曲的北斗宫巷就形成了以山西人为主体、以酿酒为龙头的工商业集中的店铺群。春夏旺季，车水马龙，年头节下，灯火辉煌，到光绪末年，古城有酿酒作坊20余家，年销烧酒500余驼件，约合11万公斤。“杏林出好酒，好酒就在北斗宫”的真实写照演绎出了康乾盛世的繁荣景象。

时至今日，700多年过去了，奇台古城的土壤始终温润，亿万年冰川融水更加甘醇，阳光如一照耀，数百种有益酿造菌群的繁衍生息，愈加活跃。现古城酒业有限公司的前身，就是1952年组建的奇台县酒厂。新疆有名的清香型“古城大曲”，是清代乾隆二十二年（公元1757年），由山西汾阳杏花村酒师来到奇台县建烧锅，才成为西北边陲著名酒品的。

（二）古城酒的酿制

素有“中国粮仓，新疆酒源”之称的古城奇台是酿酒天堂。奇台坐落于天山北麓准噶尔东南缘狭长的通道上，位于东经 89°13′~91°22′，北纬 43°25′~45°29′，属中温带大陆性气候，年平均相对湿度为 60%，昼夜温差大，全年日照时间为 3000 小时左右，年平均降水量为 269 毫米左右，得天独厚的自然条件使这一地区成了优质高粱、小麦、玉米、大麦的种植区域。

1957 年，奇台县酒厂采用热季低温酸酵法和冷季麦草掩盖窖池保温法生产白酒。1964 年，酒厂生产的白酒开始由散装转入瓶装。为保证白酒质量，酒厂于 1972 年制订酒制检验制度，酒度要达到 61 度，不得低于 56 度。1975 年，酒厂生产白酒以玉米芯代替高粱壳作疏松料，主要原因一方面是由于白酒生产规模扩大，疏松料来源缺乏；另一方面是由于“踩曲”进行“脚踏、手翻、锨挖”工艺操作时，窖池的温度、干湿度、酸度及冷热变化情况，只是凭酒大师的闻、听、尝、看，没有严格的科学依据。1976 年，为提高大曲酒的出酒率，新疆维吾尔自治区酿酒技术协作组率 12 个酒厂的 15 名技术人员，到奇台县酒厂进行工艺流程试点后认为，奇台县酒厂生产的“古城大曲”以小麦为原料，上霉均匀，色香正常，糖化力在 800 单位以上，以玉米芯为辅料，采用“老五甑”续渣等酿酒工艺，酒质良好。

古城酒业采用的多粮是荞麦、小麦、大米、高粱、玉米、糯米，这些粮食在人体的生理代谢中起着重要的作用。如荞麦含 18 种氨基酸，9 种脂肪酸以及柠檬酸、苹果酸等有机物质；小麦含淀粉、蛋白质、脂肪、矿物质、钙、铁、硫胺素、核黄素、烟酸及维生素 A 等；大米含有蛋白质、脂肪、多种维生素及矿物质等；高粱含有粗脂肪 3%、粗蛋白 8%~11%、粗纤维 2%~3%、淀粉 65%~70% 等。在酿造发酵过程中，古城酒业沿用传统的酿造工艺，采用地缸发酵，清蒸二次清工艺，两轮次流酒，既提高了原酒的理化指标，也保证了多粮发酵后的复合香气。

（三）古城酒的特点

清代时，到奇台县古城子开烧坊的私人业主，引进山西“老五甑”的酿酒工艺，结合“西凤酒”的操作方法，生产出了清香型白酒——“古城子烧酒”。这种白酒一问世，就因其清澈的酒色，沁肺的清香，绵甜的酒味和精制的篓装，由各路客商用骆驼运销天山南北，蒙古草原以及全国各地。

古城酒的酒体清香纯正、有复合粮香，口感丰富、绵柔爽净，饮后不上头、不口干。

十七、口子酒

嘉庆七年（公元 1802 年），安徽濉溪的酿酒作坊已发展到 30 多家，这就是安徽口子酒业股份有限公司发展的原始基础。口子酒多年来荣获多项殊荣。濉溪县志有载，1931 年和 1934 年，濉溪商会同源酒坊（口子酒业的前身）的口子酒曾先后两次参加了在青岛和北京举办的铁路沿线土特产展览会，均荣获“甲级名优酒”奖状。2002 年，国家质检总局（国家市场监督管理总局）批准对公司的主导产品“口子窖酒”实施原产地域产品保护，口子窖成为中国首个获得“地理标志保护产品”的兼香型白酒品牌，同时也是第三个获此殊荣的白酒品牌。2003 年，通过了 ISO9001 和 ISO14001 质量环境兼容管理体系认证，五年口子窖酒通过了国家级产品质量认证，荣获中国白酒典型风格金杯奖。2005 年，公司通过 HACCP 管理体系认证，荣膺“中国白酒经济效益十佳企业”。国家工商总局（国家市场监督管理总局）认定“口子”商标为中国驰名商标，口子酒被国家商务部等联合评定为全国首届三绿工程畅销白酒品牌。2006 年，商务部认定口子酒业及“口子”商标为“中华老字号”， 当时的副总经理张国强被评定为首届中国酿酒大师，同年口子窖被评定为中国白酒工业十大影响力品牌并通过了纯粮固态发酵白酒标志认定。2007 年，公司荣获世界十佳和谐企业奖。2008 年，由口子隋唐“仙指井”、元末明初老窖池和酒厂酿酒车间建筑群构成的口子窖遗址，被评为“第三次全国文物普查重要新发现”。2015 年，口子酒业在上交所挂牌上市，登陆 A 股主板，入编《中国地理标志产品大典》。

（一）口子酒的起源

口子酒的可考证酿造历史已有 2700 多年。《商颂》中记载：“既载清酤，赉我思成。”“酤”为古代稀薄之酒，说明此地在殷商时期不但有酒，而且有了以酒祭祖祈福的习俗。春秋时期，鲁桓公十五年（公元前 697 年），宋、鲁、陈、卫各国国君曾于淮北濉溪近郊歃血饮酒，结为盟国，所饮之酒便是当时的口子酒，歃血为盟的典故便来源于此。战国时期，古濉溪已是汴河入濉之口，俗称口子，因其交通便利、水肥土沃、气候宜人，逐渐形成口子镇。这里水土好、粮食好，有最适合酿酒的微生物群，2000 多年前的“口子人”就在这里世代以酿酒为生，酿出的酒因地得名“口子酒”。隋唐大运河通航之后，口子酒经运河销往全国各地，加速了濉溪周边的酒坊林立和当地酒文化的发展。宋朝时期，官方在当地的柳孜码头专门设有税官，征收盐酒税，可见口子酒在当时通过运河水路交易之频繁。口子酒作为地产名酒，成了当时风靡运河两岸的名牌酒。

（二）口子酒的酿制

口子酒以优质高粱、小麦、大麦、豌豆为原料，在继承传统工艺的基础上，结合现代技术酿造，经长期陈储，精心勾兑而成，因“无色透明，芳香浓郁，入口柔绵，清澈甘爽，余香甘甜”的独特风格，被誉为酒中珍品。口子酒汲取几近失传的明清“大蒸大回”古法精华，形成一套独步业内的“真藏实窖”酿酒工艺体系：全国独树一帜的制曲工艺、创新的高温润料堆积法、大蒸大回古法蒸酒工艺、持之以恒的三步循环储存法。

1. 酿造口子酒的老窖泥

众所周知，窖泥中微生物的丰富程度对酒的品质起到非常重要的作用。而口子窖独特的馥郁芬芳，则是老窖池里繁衍数百年的微生物群的天然杰作。口子酒业有着 800 多年历史的元明窖池。早在元末明初时期，口子酒的先辈们就采用濉溪境内特有的老城花土，铺在发酵池底部和四壁做窖泥，建造了酿酒窖池。后来，酿酒师傅用酒尾、上好的酒糟、濉溪地下古泉水和老城花土一起翻拌后投入窖池中，培养老窖泥。经过数百年的培育和不间断的发酵酿酒，终于形成了今天的珍贵老窖泥。厚厚的一层黑色老窖泥，覆满窖池底部和四壁，形成口子窖“香气馥郁，窖香优雅，富含陈香、醇甜及窖底香”，妙聚五味的独特兼香基础。这些老窖泥历经岁月滋养而弥足珍贵，富含一千多种酿酒微生物，还有许多现代仪器也检测不出的神秘有益物质。在多年的岁月里，这些古老的文物，从未间断发酵，跨越了时空的长河，独自沉迷于酒香的沉淀，不间断地谱写着世间最为美妙的酒韵，运用自己的洪荒之力，印证着白酒业“千年老窖万年糟，酒好全凭窖池老”的古老谚语。得天独厚的自然环境和历史积淀，让口子窖酒率先通过了国家“纯粮固态发酵白酒标志”认证。

2. 酿造口子酒的工序

水，乃酒之魂魄，从某种意义上而言，口子酒品质天成，千百年来，从未离开过濉河与溪河的滋养，它的酿酒用水，采自濉溪地下 200 多米富含矿物质和微量元素的地下水，以及来自隋唐仙指井的甘洌古泉之水，清澈纯净，硬度适中，入口微甘，适宜酿造优质佳酿。可谓天生就享有上善好水。每一滴口子酒，从最初进场的粮食，经过老窖池发酵、地锅蒸酒、竹篓传酒、楚纸封酒一系列的工序和一个个酒师的精湛工艺才得以生成。口子窖出酒一般选在晚上 10 点至第二天上午 10 点，蒸酒时火候、加料都必须遵循祖训，出酒时掐头去尾，留下中间那段好的。

3. 酿造口子酒的酒曲

口子酒的酿造要用到三种酒曲：独有的菊花红心曲，首创的超高温曲，以及高温曲。菊花红心曲传承自濉溪千年古法工艺，严格遵守祖传制曲工艺，有着“两圈一点红”的显著特征，被载入中国轻工业部《白酒工业手册》。“高温润料堆积”则是口子酒在借鉴传统“高温润料法”的基础上，创新发展而成的独特润料工艺，能去除原料杂味，带出高粱独有的粮香，使酒香更加丰富。大蒸大回，即发酵后将窖池内的糟坯配上高温堆积润料过的高粱，按比例搭配，五次入甑蒸酒；出蒸后，加入菊花红心曲和超高温曲再入窖发酵。这种工艺出酒率低，成本耗费大，但出酒品质极佳，为此，“口子人”不惜耗费成本，坚持使用此工艺，以保障口子酒独有的风味与口感。口子酒的贮存工艺被称为“三步循环储存法”，酒蒸出后，需先贮存在地上不锈钢大罐内，放置一年，经历春夏秋冬四季转换，酒体初步缔合；再转贮于地下酒库，窖藏老熟，达到一定年限后，再一次移至不锈钢罐群内放置半年，使酒体稳定。经过这样长期贮存，酒内各种微量成分相互间的平衡达到最佳状态，香韵均衡、协调。

4. 口子酒酿酒基地独特的地理条件

口子酒酿酒基地属温带湿润气候，淮北地处东经 116°23'~117°23'、北纬 33°16'~34°14'，地理上恰是中国习惯上南方与北方的交合点，有着利于酿酒的地理独特微生物环境。此外，濉溪土壤肥沃、雨量充沛、日照时间长，盛产无公害有机五谷纯粮，颗粒饱满，蕴含着大自然最原始的味道，为打造绿色、健康的口子酒提供了独特的地理条件和优质的酿酒原料。

（三）口子酒的特点

口子酒业公司拥有口子窖、老口子、口子坊、口子美酒等系列产品，主导产品“口子窖酒”因其独特的风格和卓越的品质得到了社会各界的高度赞同。

浓香则折其锋锐，酱香则发其蕴藉，清香则取其从容……身处南北交界处的口子窖酒博采众长、兼容并包，创新推出兼香型白酒。兼香型口子窖香谱壮阔，香氛彻肤，饮之前段香氛口鼻生香，中段香氛喉舌如沐，而后段香氛则余韵悠长，清气萦绕直到次日不绝，更加适应现代人科学饮食的需要，满足了广大消费者全方位饮酒舒适度的需要。2002 年，“兼香型”口子窖酒被评为中国首个获得“地理标志保护产品”的兼香型白酒品牌，同时也是继浓香型白酒水井坊、酱香型白酒茅台之后第三个获此殊荣的白酒品牌。

1968 年，当代著名诗人、作家严阵来濉，挥毫写出“濉溪人似濉溪酒，香遍关山十万里”，对濉溪百姓和口子酒大加赞誉。如今的口子窖，正以其卓越品质独秀酒林，香飘万里。

十八、堆花酒

江西堆花实业有限责任公司系江西省重点酿酒厂家，位于赣中名城吉安市，占地面积 10 万平方米。公司针对白酒消费市场的特点，采取“搞好品牌建设，提升营销能力，迅速拓展市场”的营销策略成效显著。经过几代“堆花人”的不懈努力，“堆花”品牌深入人心，始终是广大消费者的首选品牌之一。“堆花”品牌在 1988 年获中国文化名酒称号；1989 年获中国食品博览会银奖；1993 年荣获第三十三届比利时布鲁塞尔银奖。1995 年“堆花”商标被评为江西省著名商标，“堆花贡酒”荣获江西省酒类市场十大畅销商品；1996 年堆花特曲系列及堆花贡酒荣获江西省免检产品称号；1999 年公司被授予“全国食品行业质量效益型先进企业称号”；1999 年获“质量承诺、用户满意”产品称号；2000 年获保护消费者权益先进企业，实施标准优秀企业，江西省著名商标称号；2001 年获江西省卫生安全食品称号；2002 年获“用户满意——新世纪的质量目标”“讲诚信、保质量”承诺荣誉单位，被确定为 2002 年度江西省质量技术监督系统重点保护产品等称号。“堆花”商标荣获历届“江西著名商标”称号；被中国酿酒协会评为中国酒业“文化百强”企业；堆花酒酿造工艺被省政府列入“江西省非物质文化遗产”；2011 年被国家商务部评为“中华老字号”。

（一）堆花酒的起源

堆花酒拥有千年的酿造历史，堆花品牌饮誉江西南北，堆花酒原为庐陵谷烧，享誉四方。“堆花”酒名出自南宋丞相文天祥之口。文天祥早年于白鹭洲书院求学时偶至县前街小酌，但见当地谷烧甫入杯中，酒花迭起、酒香阵阵，脱口道：“层层堆花真乃好酒！”从此这一酒名渐渐传遍大江南北，堆花酒渐成当地传统佳酿，素有“三千进士冠华夏，一壶堆花醉江南”之美誉。

（二）堆花酒的酿制

堆花酒的传统酿造技艺，虽然与同行业的其他酿造技术有许多相似之处，但又有其独特之处。为了保证原有特色，一直以来，堆花酒始终坚持以优质大米为原料，集民间酿造技艺精华，采真君山古清泉水、用人工老窖发酵精酿而成。因此在制作大块酒曲（俗称“酒药”），选取配料大米、粗糠、酷糟、水混合配料，蒸煮、蒸馏、取酒，出甑闷热浆、致冷，加大曲粉、分渣次入窖池发酵，分渣蒸馏，截头去尾取酒，分级贮存，过滤等环节中都有一整套严谨工艺流程，丝毫不敢懈怠。

（三）堆花酒的特点

堆花牌系列白酒产品是江西四大名酒之一，有堆花曲酒、堆花醇、堆花老窖、堆花缘、五年陈酿，十年珍藏等低中高档近百个品种，在省内外享有极高的知名度，深受广大消费者喜爱。堆花酒清亮透明、香气幽雅舒适、诸香协调、醇绵柔和、回味悠长。

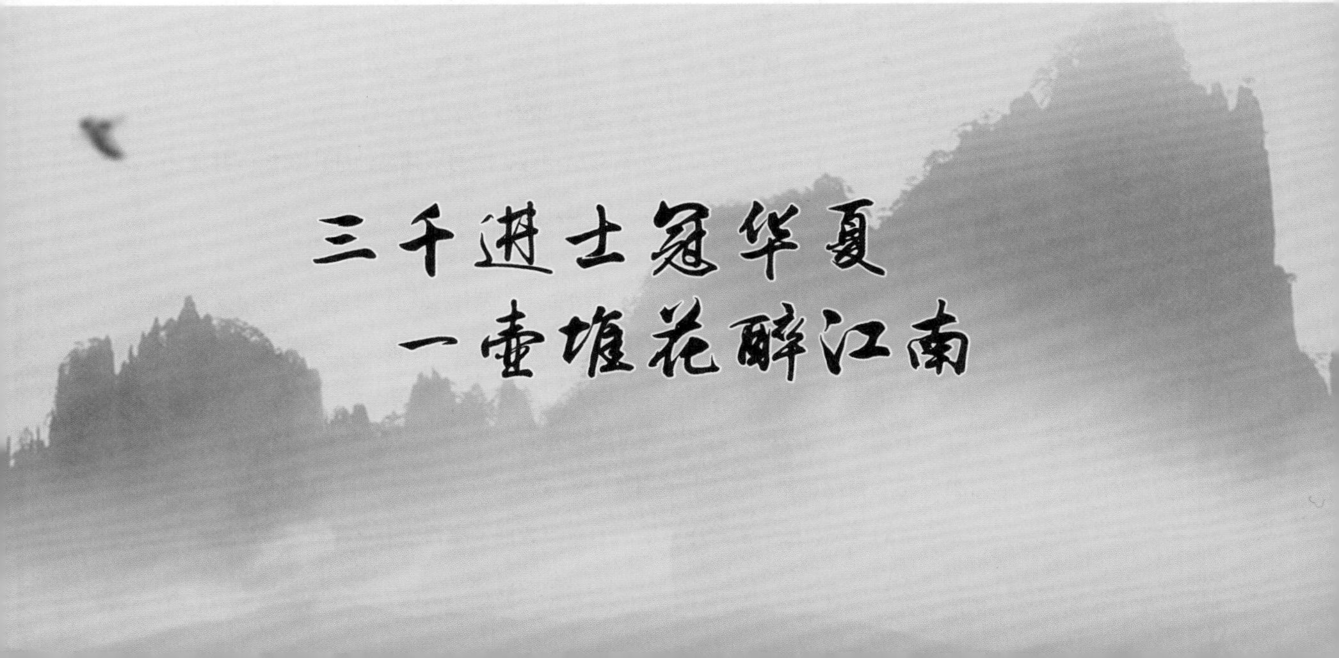

三千进士冠华夏
一壶堆花醉江南

十九、扳倒井酒

山东扳倒井股份有限公司系国家大型酿酒企业，位于山东淄博市高青县，拥有“国井”“扳倒井”两大品牌。目前，公司的纯粮固态生产规模居国内前列，独创了“二次窖泥技术”和“DMADV”酒体设计控制技术，获全国食品科技奖和首届白酒科技大会优秀成果奖。扳倒井先后荣获“国家地理标志保护产品”“中华老字号”“中国芝麻香型白酒领军企业”“中国低度浓香型白酒著名企业”“中国驰名商标”“中国食品工业质量效益奖”“中国白酒质量优秀产品”“中国历史文化名酒”等多项荣誉，并获纯粮固态发酵白酒认证标志。“国井”被认定为“中国白酒复粮芝麻香型代表”“中国芝麻香型白酒代表”。

（一）扳倒井酒的起源

在青山关城堡北门外的山坡之上，有一眼闻名遐迩的水井——扳倒井。此井原来向东南倾斜 20 度，井南侧有条石阶梯，打水时可沿条石阶梯而下直接提水，很是方便。此井深一丈五尺，涝年不溢，旱年不涸，井水清凉甘甜。

相传宋太祖赵匡胤征战南北时，兵经高苑（今高青），正值天热干旱，众将士身疲口渴，碰见一井，但井深难以汲取，赵匡胤心中默念：“井水知我心，井助我成功，请倾井相助。”言毕，井斜，汩汩清泉缓缓流出，解得众人之渴，众将士继续行军，赵匡胤终成一代霸主。宋太祖登基后，感念此井的救助之恩，御封此井为“扳倒井”。此后人们认为此井水乃福音之水，以饮得此水为荣。以此井酿得的扳倒井酒，窖香浓郁，醇甜绵柔，香味协调，回味悠长，风格独特，深受历代善饮者珍爱。

1957 年，高青县酿酒厂成立。1985 年，全县酿酒业有职工 253 人，年产白酒 573 吨。1995 年 9 月，以高青县酿酒厂为核心企业，以高青县工艺厂、高青县塑料厂、高青县食品厂为紧密层企业，根据水井名组建山东扳倒井集团。1999 年成立山东扳倒井股份有限公司。

（二）扳倒井酒的酿制

1978 年，酒厂设固体车间和酒精车间，固体车间以传统的固态发酵法生产粮食酒，酒精车间以蒸馏釜技术生产地瓜干白酒。固体酿酒为传统技术，机械化程度极低，基本靠手工操作，产品以高粱为原料。酒精生产属现代化工业生产，以瓜干、玉米为原料，生产过程可控性强。1980 年后，随着酿酒技术逐步提高，酒厂先后采用串香工艺、活性干酵母、双轮底、多轮底发酵等技术，促进了白酒质量的提高，主要生产串香白酒、高粱大曲、高青二曲、苑青酒、芦湖酒等。

1991 年，酒厂开发了液体窖泥，并针对压池度夏的难题，想出了新方法、新工艺，突破了传统压池度夏的理论限制，使粮食酒的夏季生产有了根本性的转变。1993 年，酒厂成立酒类研究所，对酿造工艺、勾兑工艺、产品开发进行系统研究，使酿酒生产走向科技化道路，产品结构也形成低度为主，高度为辅，多品种、多档次的合理布局。

1. 原料

主要原料：高粱、小麦、玉米、大米、小米、麸皮，符合国家有关标准的规定。

水：来自保护地域范围内的地下 700 米深井水，符合国家饮用水源的规定。

2. 制曲工艺

糖化发酵剂采用高温大曲、中温曲、河内白曲、生香酵母、细菌麸曲混合搭配而成。

大曲：以小麦为原料，经粉碎、加水拌料、制曲、入室安曲等工序，利用保护地域范围内特定的微生物菌群自然富集而成。高温大曲控制顶火温度 65 ℃，中温曲控制顶火温度在 58~62 ℃。

河内白曲：以麸皮为主要原料，接入河内白曲纯种培养而成。要求外观菌丝紧密、颜色新鲜、鲜曲香味浓、糖化力≥ 900u/g，酸性蛋白酶活力≥ 12u/g。

生香酵母：以麸皮为主要原料，接入扳倒井发酵过程中分离的五株生香酵母，混合培养而成，要求培养成熟细胞数≥ 8 亿 /g。

细菌麸曲：以麸皮为主要原料，接入自扳倒井高温大曲中分离的六株嗜热芽孢杆菌混合培养而成，要求细胞数≥ 10 亿 /g。

3. 酿酒工艺

工艺流程：原料→过筛除杂→粉碎→配料→蒸煮糊化→打量水→晾茬→加曲→堆积发酵→入窖发酵→出窖→蒸馏→分段摘酒→分级入库→储存→勾调。

酿酒、酿酒，一个“酿”字，点出了白酒制造过程的关键所在。各地白酒之所以千差万别，从根本上看是因不同酵池栖息的微生物群落不同，即使是同属的微生物群落，由于温度湿度等自然环境不同，种群的构成也不同，酿造出的酒质风味也肯定各有千秋。高青所独有的地理环境及气候特点是酿酒特殊微生物群落的天堂，这一得天独厚的自然环境优势造就了独特的井窖工艺，扳倒井生产的白酒也因此形成了自己独有的个性。

（三）扳倒井酒的特点

扳倒井酒，山东省高青县特产，中国国家地理标志产品，属浓香型大曲白酒。扳倒井系列产品完全按 ISO9001:2000 国际质量体系运行，从产品设计到生产检验全过程持续、有效控制，使产品质量达到了一个新的高度，其中三星、五星、原浆、世纪经典等系列产品在行业鉴评中名列前茅，被业内白酒专家称为酒中精品。

师承名酒又不拘泥于传统，扳倒井酒创立了“二次窖泥技术”，大大提升了酒的质量品质。扳倒井酒注重产品个性，重点突出以己酸乙酯为主体的酯香，多年富积发酵形成的“老窖香”和“糟香”，采用多粮酿酒形成的“粮香”，精心制曲形成的“曲香”，以及数年陈酿形成的“陈香”等质量特征，采用“IT感官评估”，科学调配，形成了集窖香、糟香、粮香、曲香、陈香于一体，诸味协调的独特风格，使该系列酒醇和、耐喝、顺口、不上头，受到了广大消费者的青睐。

二十、陈太吉酒

广东石湾酒厂有限公司（以下称“石湾酒厂”）创立于清朝道光十年（1830年），原名“陈太吉酒庄”，迄今已有近200年历史，是广东省真正还在原址进行生产的中华老字号和省级非物质文化遗产生产性保护示范基地，以善酿纯正粮食酒而饮誉中外，其中“石湾”是中国驰名商标，而“陈太吉”商标自1830年沿用至今，并于1951年重新取得注册至今。

石湾酒厂年生产能力达4万吨，已通过ISO9001国际质量体系认证和HACCP食品安全管理体系认证，是“中国白酒百强企业”“国家信用等级AAA级”的大型酿酒企业和《豉香型白酒》国家标准起草单位、全国豉香型白酒分技术委员会秘书处单位，也是“中国白酒百强企业”和“国家信用等级AAA级”的大型酿酒企业，名列广东企业500强、广东制造业100强。其主导产品石湾玉冰烧先后获得国家优质酒、中国白酒香型（豉香）代表产品称号，并获批为国家地理标志保护产品，是享有三大国誉的广东地产酒代表，并早在1917年就远销海外，100多年来深得国际消费者喜爱和市场认可；春花牌春砂仁酒是获得养生酒分类中“国家优质酒”称号的产品；帝一酒是广东较早覆盖全国市场的中高档养生酒产品，而其独创的清雅型产品是广东地产白酒成功市场化运作、成长迅速的中高档产品，得到了全国白酒专家的高度评价，被称为“酒海一绝，南国精品”和“鉴赏级酒品”。“石湾玉冰烧 · 六埕藏酒”“石湾玉冰烧 · 洞藏九”分别于2015年、2017年荣获国际权威的布鲁塞尔国际烈性酒大奖赛大奖，代表粤酒彰显了中国品味风范。

（一）陈太吉酒的起源

据《佛山忠义乡志》载：“本乡出产素称佳品。道、咸、同年间以陈总聚（陈太吉）为最有名。说者谓水质佳良，米料充足，酒缸陈旧，三者兼备斯，其味独醇。”1895年，陈太吉酒庄第三代传人翰林学士陈如岳放弃仕途后，回家乡潜心酿酒，在继承家传的酿酒技艺基础上，不断研究新的酿酒手法，首创了“肥肉酿浸，缸埕陈藏”的酿酒工艺，取其名为玉冰烧。从此陈太吉酒庄因玉冰烧酒名闻遐迩，其独特的酿酒技艺一直传承至今，2009年被列入广东省非物质文化遗产目录。

（二）陈太吉酒的酿制

工艺特点：源于陈太吉酒庄独有酿酒秘方，选料、制曲（酒饼）、拌料、发酵等关键环节都是人工操作，产量小而品质高。

真正陶埕陈藏：酒液全部使用30年以上的陶质酒埕陈藏。陶埕对酒液品质有很多奇妙作用：一是陶埕壁有微孔，能呼吸和持续挥发杂质，如乙醛、烯类等；二是陶埕相对恒温，能对酒质起到稳定保护，持续醇化酒质；三是古陶埕经多年来不间断使用，其内部已形成很丰富的醇化微反应群，释放出陈年的醇香分子，可形成独特口感。

玉冰烧的独家酿制秘诀之一在于最后一道工序：把蒸出的米酒导入佛山产的大瓮中，然后浸入约100公斤的肥猪肉，经过大缸陈藏，精心勾兑，酒体玉洁冰清，滋味特别醇和。因为肥猪肉的猪油像玉，摸上去有点凉凉的感觉（一说广东话“肉、玉”不分），所以经肥猪肉泡过的酒叫“玉冰烧”。每一块猪肉一般可以用许多年。这种工艺延续至今。

广东山洞储藏酒液：石湾玉冰烧中的高档酒全部使用地洞储藏酒液。山洞冬暖夏凉，有益酒液加快醇化，故有“洞中一年，世上三载”之称。

（三）陈太吉酒的特点

陈太吉酒具有“玉洁冰清、豉香独特、醇和细腻、余味甘爽”的独特风格，是最传统、最正宗的“豉香型”白酒的典型代表。此酒入口绵甜、醇和；酒色微黄、酒香清雅；酒体丰满；后味悠长、干净无杂味；人喝后酒气易散，不上头。

第六章 白酒的侍酒服务

第一节 侍酒师的仪态与酒具

一、仪态

- 着装：衣着整洁干净，没有油渍。经典的黑白搭配会显得干练、整洁，每个餐厅可以设计自己的侍酒师制服。
- 头发：男士不应留长发，女士应绾起头发。
- 指甲：作为侍酒师，不应留长指甲。女士不涂指甲油。
- 配饰：无论男女侍酒师，都不应佩戴过于夸张的头饰、耳环等。
- 鞋子：女侍酒师不应穿过高的高跟鞋，避免在服务过程中摔倒。
- 香水：作为侍酒师，不应喷气味过于强烈的香水，以免影响客人对酒香的判断。
- 妆容：女侍酒师应着淡妆为宜。
- 体态：自信、从容、健康。

二、主要酒具

在客人饮用白酒之前，为其准备完备的饮酒器具是非常有必要的。所谓人靠衣装美靠靓装，好的酒具可以为白酒增光添彩。

• **酒杯：**玻璃酒杯（啤酒杯型或葡萄酒杯型；容量有大有小）、陶瓷酒杯（一般在一些特别讲求饮食消费规格和情调的会所或者私房菜餐厅中使用；好的瓷杯颜色白皙，杯壁薄，外面有传统图案花纹）。

白酒的酒精度数较高，酒与空气的接触面大小对白酒的口感影响不大，所以白酒的酒杯选择更多依据风俗习惯及外观而定。

• **分酒器：**玻璃材质（透明时尚，方便观察酒的颜色、酒体的挂杯及剩余量）、陶器材质（款式多样、大气，符合中国传统）、酒壶（在中国古代用于饮酒斟酒，在明至清朝中期被称为执壶，到清朝晚期至民国时则通称酒壶，器物外常绘粉彩仕女图及山水田园图）。

酒杯盛量小，加上中国餐桌的干杯文化，客人加酒频率很高，在这种情况下，分酒器可以满足客人随时加酒的需求。另外，如果直接用酒瓶为酒杯加酒，酒杯盛量小，很容易将酒洒出，分酒器有效地避免了这个问题。分酒器规格为100~150mL（2~3 两），常用分酒器一般为毫升刻度。

• **温酒器：** 玻璃材质、陶瓷材质

将酒温热后饮用是古时一种很普遍的做法。温酒可去寒还能去掉有害物质。白酒的最佳热饮温度为 30~40℃，温度过高会使得白酒中的主要成分——乙醇挥发，影响白酒的口感，饮后人易伤肺。所以，我们提倡饮温酒而非热酒。

用热水对酒进行温热的温酒器

将水倒入加热壶中，再将酒倒入温酒钵中，将温酒钵放入加热壶中对酒进行温热。这种温酒器的弊端是水温降得快，需频繁更换热水。

配有加热装置的温酒器

可以是电热的，也可以是蜡烛加热的。前者更加环保，后者更加有情调。

第二节 白酒的侍酒礼仪

一、斟酒礼仪

- 侍酒师最好走到客人身边去倒酒，而不是把酒杯拿过来倒，那会显得过于随意。
- 在侍酒师左边的客人，一般应该用右手拿酒瓶斟酒；反之，用左手。
- 斟酒时，不可以将瓶口对着客人，应手持杯略斜，将酒沿着酒杯内壁轻缓地倒入。
- 倒完酒后，应快速将瓶口盖上，再慢慢竖起，避免瓶口的酒滴到杯子外面。

二、斟酒顺序

斟酒时，应注意倒酒的顺序。可以依顺时针方向，也可以先为尊长、嘉宾斟酒，再为其他客人斟酒。

在大的宴席上，桌与桌之间的排列讲究首席居前、居中，左边依次为 2、4、6 席，右边为 3、5、7 席，根据主客的身份、地位、亲疏而分坐。

圆桌宴席上，正对大门的为主客，主客左右手边的位置，则依离主客位置的距离而定。越靠近主客，宾客的位置越为尊，相同距离则左侧尊于右侧。如果不正对大门，则面东一侧的右席为首席。

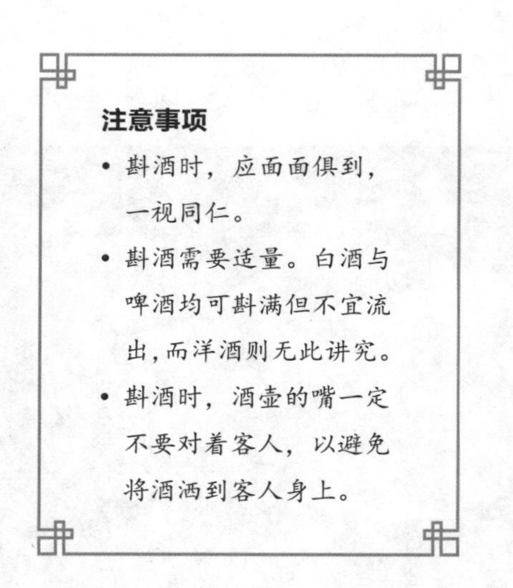

注意事项

- 斟酒时，应面面俱到，一视同仁。
- 斟酒需要适量。白酒与啤酒均可斟满但不宜流出，而洋酒则无此讲究。
- 斟酒时，酒壶的嘴一定不要对着客人，以避免将酒洒到客人身上。

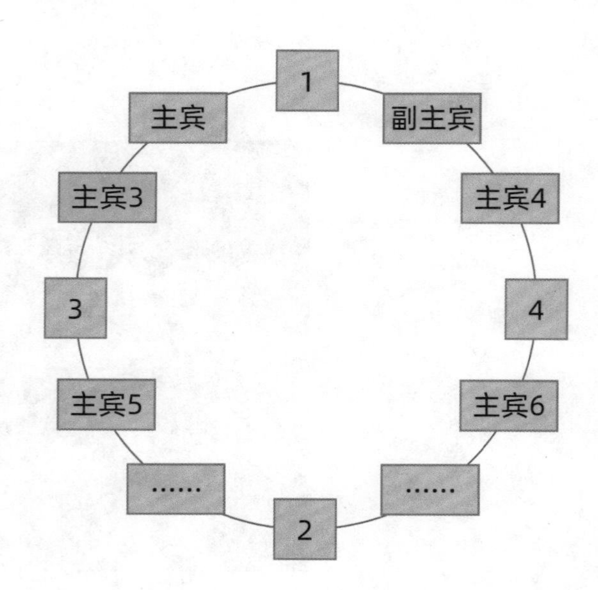

三、行酒令

行酒令是筵宴上助兴取乐的饮酒游戏。组织客人进行行酒令的活动，可增加客人之间的互动、活跃客人用餐的氛围。

• 雅令：必须引经据典，分韵联吟，当席构思，即席应对。这就要求行酒令者既要才华横溢，又要敏捷机智，所以雅令是酒令中最能展示饮者才思的项目。

• 通令：主要是掷骰、抽签、划拳、猜数等。通令能够营造酒宴中热闹的气氛，因此较流行。但通令掳拳奋臂，叫号喧争，稍显得单调、嘈杂，有失风度。

目前的行酒令将常见的小游戏运用其中，如令牌中有请在座的最长者和最幼者互饮一杯，既避免了雅令的难度也避免了通令的嘈杂，增强了客人间的感情。

四、针对醉酒客人的应对措施

白酒的度数相对较高，加上“干杯”文化的影响，出现醉酒客人的概率相对较高。作为一名白酒侍酒师，掌握基本的应对醉酒客人的方法是十分必要的。以下几点，可供参考：

（1）让客人安静睡下，最好侧卧，以防止醉酒者呕吐，导致窒息。冬天注意保暖，可给予头部冷敷。

（2）根据客人的醉酒程度，如有需要，尽快催吐，减轻酒精对胃黏膜的刺激。

（3）给客人多补充其他液体（温开水、淡盐水、糖水或蜂蜜水、绿豆汤等），降低其血液中的酒精浓度，使其加快排尿，让酒精迅速随尿液排出。

（4）给客人准备一些水果，如梨、橘子、苹果、西瓜、番茄等，利用果糖把乙醇氧化掉。

（5）给客人准备维生素 B1 和维生素 E，促进乙醇的分解。对于醉意较浓的客人，可准备白糖 5 克和食醋 30 毫升的溶液，帮助其一次饮服。

（6）要注意不宜给醉酒客人提供浓茶。茶叶中的茶多酚有一定的保肝作用，但浓茶中的茶碱会使血管收缩，血压上升，反而会加剧头疼。

第三节 餐酒搭配入门

中国的餐饮文化博大精深，有川、粤、鲁等八大菜系和浓香型、酱香型等十二种香型白酒，菜品之多，酒品之多，让餐酒搭配看似一门玄学。侍酒师的角色即在看似玄学的餐酒搭配中找到线索，为客人提供最好的餐酒搭配建议。

俗话说“一方水土养育一方人”，用当地的菜配当地的酒，是一种不错的选择。但在实际的餐酒搭配中，情况却并非如此简单。白酒的味道重，刺激性相对较强，佐餐应选味道较重、油较厚的荤菜比较好，像红烧肉、烧排骨、水煮鱼之类的菜肴就很合适。正常的中式午餐和晚餐都可以搭配白酒。

餐酒风味搭配原则：相得益彰。

酒和菜的口感、味道、香气等要彼此促进、弥补、增强。

白酒对味觉的刺激较大，一般菜肴的口味难以调动味蕾的状态，因此喝白酒时可以吃些口味重的食物，比如川菜，但不宜太辣。

• 川菜 + 浓香型白酒

此搭配相得益彰，香味醇厚。吃川菜时最适宜喝浓香型白酒。浓香型白酒以浓香、甘甜为特点。

搭配示范：川菜的最大特色可以用“味辣口重”来形容，以最受欢迎的酸菜鱼为例，新鲜的草鱼配以四川泡菜煮制，肉质细嫩，辣而不腻。鱼片鲜嫩爽滑，正好配“窖香优雅，绵甜爽净”的浓香型白酒。在酸汤的衬托下，细细品味丰满醇香的酒体，味道叠加、口感并重，此可谓相得益彰的绝佳享受。

• 湘菜 + 酱香型白酒

此搭配相互提携，余味悠长。湘菜的最佳拍档是酱香型白酒。

中国八大菜系之一的湘菜可分为湘江流域、洞庭湖区和湘西山区三个地方流派，特点是注重刀工、调味，尤以酸辣菜和腊制品著称，讲究原料入味，口味偏重辣、酸。其代表菜式有：剁椒鱼头、干锅鸡、红烧肉、豆豉辣椒炒肉、怀化鸭、鱼生汤、富贵火腿等。

搭配示范：带有浓郁湘菜风味的干锅鸡，以新鲜嫩土鸡为主料，先通过精心卤制让调料汁全部渗入鸡肉，后大火煮熟，再以小火煨制。成菜色泽艳丽，肉质鲜美，口感香辣，与甘美回味、香味厚重的酱香型白酒搭配，在口中交织出馥郁的香气，在辣味的衬托下白酒的口感更加柔顺，余味悠长。

第四节 健康饮酒

作为侍酒师，除了让客人吃得舒心、喝得放心之外，怎样在侍酒服务中保障客人的饮酒健康，是一大重点。

• 饮酒前：给客人提供一些餐前小食或者一点牛奶，以免客人空腹饮酒，以防止酒精渗透胃壁，这样可延缓身体吸收乙醇。

• 饮酒时：客人点菜时，可以推荐搭配一些绿色蔬菜、甜菜、粗粮薯物和蛋白质丰富的菜品。蔬菜和糖对肝脏具有保护作用，如糖醋鱼、糖藕片、糖炒花生米等。粗粮薯物含有丰富的碳水化合物，碳水化合物和酒精结合，会减缓肠胃对酒精的吸收。其次，这些食物中 B 族维生素的含量相当丰富，能弥补大量饮酒时维生素 B1 的损失。因此，炒土豆丝、杂粮外婆菜等都是不错的选择。酒精入肠，会影响人体的新陈代谢，使人体容易出现蛋白质缺乏。因此，下酒菜里应有含蛋白质丰富的食品，如松花蛋、豆腐、鸡肉、排骨、鱼等。此外，豆腐中的肮氨酸是一种重要的氨基酸，它能解乙醛之毒，并促使其排出体外。因此，人们在饮酒时或饮酒后吃点豆腐是大有好处的。

• 饮酒后：可给客人准备一些甜点心和水果，或者一些果汁，因为水果和果汁中的酸性成分可以中和酒精；水果含有大量的果糖，可以使乙醇氧化，使乙醇加快分解代谢，甜点心也有大体相仿的效果。